浙江省社科联社科普及出版资助项目

Xiyang Wuxianhao

Mingtian Women Gai Ruhe Yanglao

夕阳无限好

明天我们该如何养老

朱　佳◎编著

浙江工商大學出版社

图书在版编目(CIP)数据

夕阳无限好:明天我们该如何养老 / 朱佳编著. —
杭州:浙江工商大学出版社,2012.6
ISBN 978-7-81140-515-6

Ⅰ.①夕… Ⅱ.①朱… Ⅲ.①养老－财务管理－基本
－知识 Ⅳ.①TS976.15

中国版本图书馆 CIP 数据核字(2012)第 096673 号

夕阳无限好:明天我们该如何养老

朱 佳 编著

责任编辑	刘 韵 陈维君	
责任校对	周敏燕	
封面设计	流 云	
责任印制	汪 俊	
出版发行	浙江工商大学出版社	

(杭州市教工路 198 号 邮政编码 310012)
(E-mail:zjgsupress@163.com)
(网址:http://www.zjgsupress.com)
电话:0571－88904980,88831806(传真)

排 版	杭州朝曦图文设计有限公司
印 刷	杭州余杭人民印刷有限公司
开 本	880mm×1230mm 1/32
印 张	5
字 数	130 千
版印次	2012 年 6 月第 1 版 2012 年 6 月第 1 次印刷
书 号	ISBN 978-7-81140-515-6
定 价	18.00 元

序　言

"劳我以少壮,息我以衰老。"让老年人安然养老,是政府应尽的责任。然而,在现有国情下,如何满足这个日趋庞大的群体的医疗、生活、心理等方面的需求,不仅仅是政府管理部门面临的一个紧迫的重大社会问题,也是我们普通老百姓需要考虑的问题。人口老龄化是社会进步的表现,也是经济发展的结果,但同时也引发了老年人该如何被妥善地赡养等一系列社会问题。

（一）

某日,幼时好友从澳大利亚归来,我们吃饭、逛街、喝茶、聊天,回忆过去的学生时代,兴致高昂。在聊起各自的生活近况时,朋友说:"我加入了澳大利亚籍。犹豫了好久,最后还是宣誓了,可惜中国不承认双重国籍。"我明白她的言下之意,放弃中国国籍,她内心无比挣扎和犹豫,若非如此,2003年就出国的她,不会时至今日才下这个决定。

"那你现在可是归国华侨了。"我笑着说,"你有什么打算,回国发展还是在澳大利亚的公司继续工作?"

"我辞职了,想回国自己做。"朋友用一贯轻松的口吻说,"就是签证麻烦点,每3个月我得出去转一下。"

"既然回来发展,签证又麻烦,你干吗还入澳籍呀?"我很奇怪,朋

001

友那个公司是世界500强,收入不错,"在国内发展,没有居民身份,做什么事都很麻烦。"

"你以为我想这样,谁让这里的医疗、养老保障这么差,我现在最怕陪老爸老妈去看病,想着和菜市场差不多的闹哄哄的门诊大楼,冷着一张脸的医生……你看看我这里的刀口,刚做的手术。在悉尼看病,先打电话预约,到了日子过去,就医生和你两个人面对面交流,安静又保密。"朋友一打开话匣子,就收不住。

看着朋友脖子上隐约可见的伤口,是呀,看病难!想着自己怀孕时,年迈的母亲大清早为我去排队挂号,陪我在B超室外等待的情景,想起医生3分钟看一个病人,多问一句就嫌烦的神情,我的情绪一下子低落了。

"谁愿意去那里当二等公民,即使自己有能力,薪水职位也上不去,"朋友有点激动,"可是福利就是好得没话说,我现在就是为老年生活打算,澳大利亚拥有清新的空气,便利的公共设施,有效的医疗服务,所以现在移民这么火。像你这样当老师,虽然以后有退休工资,可是国内就那么点公共资源,可有那么多人,好的医院、好的养老设施,轮得到你吗?"

我知道朋友说的一点都不错,我曾去过澳大利亚的悉尼、墨尔本还有佩斯,参观了租住公寓边上的养老公寓,那里富有人性化设计的设施、丰富的娱乐活动、便捷的医疗服务让我印象深刻。

(二)

李奶奶,杭州人,生于1919年,曾任某小学数学老师,于1975年退休,除了腿脚不便之外,身体一直硬朗,思路特别清晰,今年1月刚过了93岁的生日。在我打算写初稿的时候,李奶奶的形象就出现在我的脑海里,因为她的经历很有代表性。

李奶奶,高中毕业,从1952年的代课老师做起,一共工作了23

年,在她工作期间,最低工资 50 元／月,最高 80 元／月(据说这可是当时的高收入了,那时候的平均工资只有 50—60 元／月)。1975 年退休时,李奶奶的退休金为 76 元／月,经过历次的工资调整,由于政府对教育的日渐重视及教师待遇的提高,李奶奶的退休收入从 76 元／月,增加到了 500 元/月、600 元/月、1700 元/月,直到现在将近 4000 元／月。

对于李奶奶一家来说,收入的提高无疑是令人高兴的。可是,静下心来把账一算,我禁不住为国家的养老金支出担忧。

李奶奶是在国家社保制度建立以前退休的,没有在自己的养老账户中存入过一分钱,在国家社保制度建立前,她的退休工资完全是由国家财政支付,而现在是由社保基金支付(换句通俗的话来说,是用年轻人缴纳的养老保险支付老年人的退休金,直接导致在职年轻人的养老账户空账运行)。

以李奶奶为例,假设其退休金为平均 1500 元／月,从 1976 年到 2010 年,李奶奶收入的退休金总额约为 63 万元。而生活中,像李奶奶这样的老年人还有很多,因此我国社保基金这种“空账”运行状况难以得到缓解,随着计划生育政策的实行,人口结构改变,情况可能还会加剧。

据有关数据显示,中国养老体系面临严峻考验,未来养老金缺口高达 9.15 万亿。对于这一巨额赤字,如果仅靠提高缴费来弥补,个人缴费率将不得不提高到缴费工资的 37%,是现在个人缴费的 4 倍多,这大大超过了为满足他们将来享受的养老待遇所需要缴纳的费率。实际上是变相让现在的劳动者为自己和那些改革前已经参加工作的职工缴纳双重养老金。

随着我国人口老龄化的逐步加重和养老保险基金隐性债务的增大,我国的养老保险基金未来是否具有充足的偿付能力,就成为政府和公众最为担心的问题。本书试图从一个全新的角度出发,来回答“老有所养,谁来养? 靠自己、靠孩子、还是靠社会?”这个难题。由于作者水平有限,疏漏与不当之处在所难免,欢迎广大读者批评指正。

本书中部分漫画作品引用自网络,由于条件所限未能列明出处,在感谢原作者辛勤劳动的同时表示诚挚歉意,望相关作者看到后与本书作者取得联系,以便再版时补上。

最后祝大家阅读愉快!

作 者

2012 年 4 月

目　录

第一章　要怎样陪你一起慢慢变老
——现实篇

2010 年法国工人大罢工

自从 2010 年 3 月由法国冶金工业联盟(UIMM)雇主联合会起草的一份退休制度改革草案公布以来,法国的社会生活就被一连串罢工运动所打乱。这次大规模运动是由来自各个领域的工会联合会领导,共同反对政府的改革计划,并在 2010 年 9 月末和 10 月达到了顶峰,这一时期走上街头的罢工人数估计在 300 万以上。

事件回顾

时间:当地时间 2010 年 10 月 12 日

事件:2010 年 9 月份以来,法国工会举行了 4 次全国罢工,欲废除政府提出的退休制度改革方案。

改革法案:通过将法定退休年龄从 60 岁逐渐延长至 62 岁并提高缴费比例,减轻政府在退休金支付方面的财政压力。

影响:罢工导致法国交通网瘫痪、学校停课、炼油厂停工,燃油供应面临短缺,埃菲尔铁塔闭门谢客。

一、养老成为世界性难题

老年人的收入保障是一个全球性的问题。当人们进入老年，退出劳动领域，其养老需求主要通过以下几种方式得到保障：(1)个人工作期间的积蓄；(2)家庭其他成员的赡养；(3)依靠社会养老保障体系。随着全球范围内工业化进程的加快，以家庭为基础的养老保障方式逐渐趋于衰落，由政府支持建立的社会养老保障体系发挥了越来越重要的功能。当前世界上大约有 40% 的工人、30% 以上的老年人是由正规的社会保障方式提供养老保障的。在许多发达国家，养老金的支出占国内生产总值的比例超过了10%。社会养老保障体系在全球范围内已越来越成为工作与休息、劳动收入与再分配、利己主义与共同责任以及货币学与社会权利之间的联系中心。

由于收入的增加和医疗技术的进步，人均寿命越来越长，而家庭中孩子人数的减少，使得许多国家的老年人口赡养率不断提高。1990 年，全世界 60 岁以上的人口近 5 亿，约占总人口的 9%，而这一数据到 2030 年预计将增加 2 倍，达到 14 亿，约占总人口的 16%，且新增老年人口将主要分布在发展中国家，其中半数以上在亚洲，29%在中国。

全球范围内人口老龄化面临的挑战，使制度性的社会养老保障体系面临日益增加的养老金支出压力，压力主要体现为以下三点：(1)人们的平均寿命延长，退休人员领取养老金的年限增加；(2)人们的实际工作年限减少，养老金计划的缴费年数减少；(3)由于出生率的下降，在职人员的人口比例减少，在缴费率不变的情况下，社会养老保险计划的缴费基金减少。特别是进入 21 世纪后，人口老龄化呈加速趋势，这引发社会保障支出的危机，被称为"未来的定时炸弹"，日趋庞大的养老金支出对各国的财政状况影响很大，造成各国(尤其是欧盟各国)的财政赤字扩大。因此,社会养老保险制度的改革是必然结果,也是对经济全球化进程做出的回应。

以欧盟为例,在过去的几十年里,为了应对高福利的支出对财政以及经济竞争力的影响,各国制定了不少改革措施。

(一)提高退休年龄并缩小男女退休年龄的差距

多年来,欧盟的许多国家存在提前退休的现象,特别在 20 世纪 70 年代后期和整个 80 年代,由于居高不下的失业率,政府对此或鼓励或默许。而由于人口老龄化趋势迅猛及提前退休计划的实施成本上升,欧盟大多数国家在 20 世纪 90 年代初纷纷改变策略,倾向于通过提高退休年龄,来缓解养老金的支出压力和就业压力。

另外,为了降低老年工作者从劳动市场上的退出量,很多成员国还实施了另一套措施,即鼓励并安排接近退休年龄的人从事所谓的"非全时工"。

(二)采取各种形式减少养老金的发放量

减少养老金的发放量,涉及大多数公民的切身利益,直接地公开削减容易引发众怒。如 1995 年 11 月 15 日,法国右翼朱佩政府向法国国会提交改革社会保障制度方案,将特别养老金制度中支付全额养老金的参加年限从 37.5 年提高到 40 年,结果引起声势浩大的以公共交通部门为中心的全国性罢工。此后,各国都采用隐蔽的间接手段来达到目的。

1. 改变养老金的给付基础

这是当前用以削减支付规模的一种普遍趋势。如奥地利从 1996 年开始将缴费期从 35 年提高到 37.5 年,而且养老金支付的计算办法也作了不利于提前退休者的修改。

2. 变相转移负担

在意大利和瑞典，为了抑制未来养老金支出的膨胀，政府已采取新动作使养老金的支付更多地与个人贡献而不是与过去的收入挂钩。瑞典社会养老保险制度的改革指导思想是：养老金是公民"工资的延续"，而不是任何人到一定阶段就可以领取的公民工资。

3. 其他措施

有的国家则更多地考虑在支付的基本养老金和补充津贴方面，在领取者得到的附加收入上增加限制条件。比如，丹麦做出养老金及最低收入保证纳税的规定，芬兰则直接将公共部门雇员的最高养老金由退休前工资的 65% 降低至 60%。

(三)调整养老金的融资方式和结构

当前，欧盟部分成员正在试图减轻雇主的资金负担，以便在存在较高失业率和面临日益激烈的外部竞争的情况下，抑制高额的劳动成本，增强企业的国际竞争力。

在北欧国家，养老金支出一直依靠一般税收来融资，保费贡献处于较次要地位，而目前他们正在考虑提高保费贡献的作用。

(四)补充养老金代表未来养老保险的发展方向

欧盟有关专家认为，基本养老金发展变化的余地已经不大，而且往往入不敷出，难以满足未来养老保障的需要。而补充养老金(即主要由企业和雇员摊款建立的储蓄养老金和私营基金会养老金)的发展前景广阔。随着补充养老金的重要性不断增强，为补充养老基金的有效经营提供一个安全的环境也就成为政府不可忽视的一项任务，几乎所有的成员国都制定了严格的管理规定。

二、中国养老的严峻现实

"都说养儿能防老,可儿山高水远他乡留",一句心酸的歌词道出对养老问题的担忧。有人说:"21世纪是老年人的世纪",中国尤其如此。根据国家人口计生委的统计数据,2007年,中国65岁以上老年人口已达1.04亿,到21世纪40年代,将达到峰值3.2亿。届时,平均每5个人中就有1个65岁以上的老年人。专家预测,中国人口红利期将在2033年关闭。之后,社会总抚养比迅速上升,在21世纪后50年,达到80%以上,即每10个劳动年龄人口至少抚养8个老年人。

而现在,距离这个窗口期,只有21年。

老年人口增加,是社会经济发展和人类文明进步的重要标志。但是,人口老龄化的加剧,庞大老年群体所引发的养老、医疗、社会服务等方方面面的压力越来越大。"十一五"期间,我国60岁及以上老年人口持续增长,截至2010年达到1.74亿,约占总人口的12.78%;其中,80岁以上高龄老年人达到2132万,约占老年人口总数的12.25%。和"十五"时期相比,老年人口增长速度明显加快,高龄化趋势显著,农村老龄问题加剧,社会养老负担加重,养老保障问题突出,社区照料服务需求迅速增加,老龄问题的社会压力日益增大,对我国政治、经济、社会都将产生深刻影响。

(一)人口老龄化对社会保障覆盖面提出了挑战

我国 20 世纪 80 年代逐渐建立起来的社会保障制度本应遵循广覆盖原则,可是,现有的社会保障制度没有做到应保尽保,覆盖面非常有限。2004 年全国参加基本养老保险的人数为 1.64 亿,占总人口数的 12.57%;2005 年为 1.74 亿,占总人口数的 13.38%。虽然覆盖面有所上升,但是远远低于国际劳工组织规定的 20% 的最低线。事实上,我国现行的社会保障制度完全排斥了 8 亿农村人口,基本排斥了 1 亿农民工群体,广大农民及农民工仍然依靠自我保障。

(二)人口老龄化对现行的家庭养老方式提出了挑战

我国现行的养老方式是以居家养老为基础、社会养老为依托、机构养老为补充的家庭养老方式。但是,人口老龄化所产生的"四二一"家庭模式和抚养系数比上升将使得现行的家庭养老模式产生困难。一方面,人口老龄化普遍产生了"四位老年人、一对年轻夫妇以及一个未成年小孩"这样一种家庭结构模式,另一方面,它也导致老年抚养比从 1964 年的 6.3% 逐渐上升到 2000 年的 10.1%,预计到 2050 年将上升至 33%。在人口频繁流动的今天,这两种情况必然导致家庭物质供养、生活照料以及精神安慰等方面严重缺乏,依靠现有的居家养老方式难以实现养老目标。面对"银发浪潮"的冲击,"未富先老"的中国显然准备不够——传统家庭养老功能日渐式微而社会化养老服务供给匮乏。如何应对迫在眉睫的老龄化挑战,如何抓紧时间构建符合中国国情的养老服务模式,是一个亟待解决的命题。

(三)人口老龄化对我国养老金支付能力提出了挑战

为了解决新中国成立以来城镇职工养老保障存在的矛盾与困难,我国实行了"个人账户与社会统筹"相结合的部分积累制度。但是,这种"老人老办法、新人新措施"的养老金制度在实际运行过程中必然产生"空账"问题,2000 年我国养老金"空账"还仅仅为 360 多亿元,到了 2005 年底,"空账"已经达到 8000 亿元。

中国老年人抚养问题不能只依靠家庭抚养,应逐渐转向社会抚养,即由家庭责任主体过渡到国家或社会责任主体。然而,现行社会保障体系及政策制度的不完善,导致赡养负担加重。

35 年前,中国有赡养老年人能力的成人与老年人的比率是 6:1,但按照目前的人口变化趋势,再过 35 年,这一比例将锐降为 1:2,劳动力的相对减少和人口的老龄化趋势给中国带来的直接后果是中国的退休金制度将受到严重挑战!

在我国社保体系中,养老保险体系的构建是其中必不可少的一部分。较优的养老金制度对于赡养老年人来说无疑至关重要。然而,养老保险覆盖面广、成本高,在许多国家已经成为公共财政的一大负担。在我国,光凭征缴养老保险费的收入并不能满足养老保险支出,财政每年都必须向养老保险基金进行补贴,并且还在逐年增长。这是无论发达国家还是发展中国家都不得不面对的世界性难题。

(四)人口老龄化对我国医疗保障制度提出了挑战

老年人是容易患病的特殊群体,随着人口老龄化的加剧,他们对医疗保险的需求将会急剧增加。2000 年全国参加基本医疗保险的离退休人员为 924 万人;2001 年为 1815 万人;2004 年增加到 3359 万人,当年医疗保险基金支出达到 862 亿元,比 2003 年上涨

31.6%。由于我国目前离退休人员医疗费用由国家与单位共同负担,因此,在离退休人员高速增长的情况下,人口老龄化对整个医疗费用的承受能力提出了严峻挑战。

三、浙江省养老现状分析

2011 年 3 月 1 日,《都市快报》A07 版报道了一件让人痛心的事——老夫妻双双在家自缢身亡。有数百网友通过新浪微博转发这篇报道,并留言评论。

2 月 26 日,杭州中山北路×××号,一对老年夫妻双双在家悬梁自尽。他们都是杭州一家设计院的退休高级工程师。

老夫妻唯一的女儿嫁在德国。26 日傍晚,女儿接到父母一封电子邮件,说他们觉得活着没多大意义了,房门钥匙就放在门底下,让女儿联系邻居到家里看看。女儿马上联系邻居,邻居开门一看,两个老人分别在两个房间的门框上悬梁了。

老先生 77 岁,姓毛,籍贯上海,某设计院翻译,懂五种外语,老同事都叫他毛工;老太太 75 岁,姓吴,籍贯宁波,老同事都叫她宝弟……

【案例评述】子女远行,老人独居,这是趋势,老的、小的该做些什么?

悲痛的心情总会平复,但是我们的思考应该继续……

根据《浙江省 2009 年老年人口和老龄事业统计分析》显示,截至 2009 年末,全省 60 岁及以上老年人口为 762.39 万人,占总人口的 16.18%,比上年同期增加 33.01 万人,增长 4.53%。嘉兴市、湖州市和舟山市老龄化系数继续保持在全省前 3 位,老年人口占总人口的比重分别是 19.16%、18.31%和 18.05%。老龄化程度最低的为温州市,老年人口占总人口的比重为 13.85%。全省 65 岁及以上老年人口为 518.44 万人,占总人口的 11%,比上年同期增加 16.17 万人,增长3.22%。80岁及以上的高龄老年人为115.95万人,占老年人口总数的15.21%,比上年同期增加5.89万人,增长5.35%。全省共有百岁老人1048人,比上年同期增加52人,增长5.22%。

近年来我省老年人口和高龄老年人人数持续快速增长,特别是近两年,均以每年4.5%左右的速度增长,并呈现以下特点。

1. 浙江省老龄化程度超过全国平均水平

浙江省老龄化程度仅次于上海,列全国第二。事实上,浙江老龄化水平不仅超过全国平均水平,也高于亚洲和世界的平均水平。

2. 浙江省农村的老龄化程度高于城镇

浙江大部分老年人口分布在农村。以第五次人口普查数据为例,全省566.9万60岁以上人口,其中农村占60.3%,城市和镇所占比例分别为23.4%和16.3%。浙江农村人口的老龄化程度高于城市。在农村,60岁以上人口占总人口比重为14.5%,而城市和镇这个比例分别为10.1%和10.0%。

3. 老龄人口在区域之间分布不平衡

浙江老龄化程度排在前三位的是嘉兴、湖州和舟山,排在最后三位的是丽水、台州和温州,浙江人口老龄化的地区分布为北高南低。

截至2009年底,全省已有83个市(县、区)由政府或有关部门发文开展了居家养老服务工作,共建立居家养老服务组织2173个,经培训持证上岗的居家养老专职护理人员2838人,由政府补贴享受居家养老服务的老年人3.49万人。省老龄办对2009年完善生活照料网络建设成效明显的184个社区给予每个社区2万元的专项经费补助,2008年和2009年两年间已累计补助355个社区,补助专项资金710万元。至2009年,全省由社会力量兴办的各类老年公寓有252所,建筑面积122.15万平方米,床位总数35026张,入住老年人26417人;托老所331个,建筑面积31.72万平方米,床位总数16262张,入住老年人10301人;老年医院16所,床位总数1645张;临终关怀医院3所,床位总数255张。

　　尽管当前浙江省对养老事业非常重视,设置大量养老机构,逐步完善养老服务体系,养老保障水平逐年提高。但是,由于当前政府的养老着眼点还主要是在保障层面而不是服务于经济发展的产业层面,所以老年人的生活质量重在"老有所养"而不是"老有所享"。以杭州市为例,2009 年全市每百名老年人口拥有养老机构床位数仅1.94 张,而全省平均水平为 2.4 张,国际平均水平为 3 张。杭州市福利中心有 850 张床位,2006 年就已住满,有 1400 人排队等待入住;杭州市第二社会福利院有床位 450 张,2008 年住满,排队等待入住的有 300 人。杭州要净增机构床位 17000 张左右,才能满足现在的社会需求。① 因此,财政部门需要加大投入,同时引入市场机制,积极鼓励社会各方力量参与,多渠道兴办养老机构发展相应的服务业。

---

① 参见《日本鼓励多代同居　美国有倒按揭养老》,《都市快报》2010 年 5月 6 日第 5 版。

第二章　没有规矩,不成方圆
——政策篇

一、关于养老方面的全国性政策解读

(一)老年人权益保障法

　　《中华人民共和国老年人权益保障法》(以下简称《老年人权益保障法》),是以《宪法》为依据制定的中国第一部保护老年人合法权益和发展老龄事业相结合的专门性法律,自 1996 年 10 月 1 日起施行。该法的施行,为中国亿万老年人权益的保护起到了巨大的作用,也是中国社会发展的巨大进步。但不可否认,由于近二十年来中国经济社会发生了巨大变革,《老年人权益保障法》却没有及时作出修改,也没有制定配套的行政法规,使得老年人权益保障工作与社会现实严重脱节。

《老年人权益保障法》共分为五部分:一是立法宗旨部分,重点阐述了立法目的、年龄界定和保障内容三方面的法律规定及其依据;二是家庭养老部分,重点阐述了坚持以家庭养老为主要形式的"三种根据"、老年人需要特别保护的"六种权益"、赡养人需要履行的"六项义务",禁止赡养人对老年人的"六种侵权行为"等有关法律规定;三是社会保障部分,重点阐述了建立老年社会保险制度、保障"三无老年人"的助养办法、兴办老年社会福利设施和制定属地敬老优老政策等方面的有关规定;四是积极养老部分,重点阐述了要"养为结合"和要"以为促养"的有关法律制度;五是法律援助部分,重点阐述了老年人诉状优先受理,诉讼费用可缓、减、免,可以获得法律援助和依法裁定先于执行四项援助内容的规定。

1.法律特色

《老年人权益保障法》主要有四个特点:

(1)坚持以家庭养老为主;

(2)提倡老年人积极养老;

(3)强调家庭养老和社会保障相结合;

(4)为老年人提供必要的法律援助。

2.主要内容

(1)从国家和社会获得物质帮助的权利。《老年人权益保障法》第四条明确规定:"老年人有从国家和社会获得物质帮助的权利,有享受社会发展成果的权利。"离退休老年人的养老金领取,孤寡老年人的社会福利救济,交不起医药费时可减免,请求法律援助、减免诉讼费等内容是国家、社会提供给老年人具体的物质帮助。

(2)受赡养的权利。扶幼养老应是做人的本性和起码的道德。老年人为社会辛勤劳动,贡献毕生的精力,为子女操劳终生,为家庭作出贡献。在他们年老体弱、丧失劳动能力时,理应得到社会和子孙们的尊敬、关怀,给予生活上的帮助,使他们安度晚年,这既是社会的职责,也是家庭的功能。

(3)婚姻自由权。老年人的婚姻自由权指老年人有权按照法律规定、自主自愿决定自己的婚姻问题,排除任何人的强制与干涉。

(4)财产所有权。老年人享有财产所有权是指财产所有人依法对自己的财产享有的权利,是民事权利中最重要、最基本的权利之一,是老年人确立其社会地位的物质保障,许多养老纠纷的发生就是老年人没有充分享有财产所有权。

(5)继承权。老年人有劳动能力时,曾为维持家庭生活和抚养子女辛勤操劳。到晚年丧失劳动能力时,需要得到子女的赡养、扶助,愉快地安度晚年。当其子女先于自己死亡时,为了保证老年人的生活水平不致降低,一方面规定老年人有权继承子女的财产;另一方面在分割遗产时,应当优先照顾老年人的利益。当老年配偶间发生一方死亡的事实,生存方享有配偶身份的继承权。在确定被继承人遗产范围时须注意,夫妻共同财产的一半为遗产。

(6)房产权。由于住房紧张,老年人住房问题比较突出。老年人的住房经常被挤占,从正房到偏房、厨房甚至被挤到牛棚、猪圈,更严重的被挤出家门。住房对老年人十分重要,因为人到老年,活动范围缩小,住房是他们最为重要的生活环境,一旦受到侵犯将直接影响老年人的身心健康和晚年生活。

(7)继续受教育的权利。社会不断发展,知识需要更新。离退休老年人愿意继续受教育,国家与社会应支持与帮助。

(8)劳动权利。老年人虽已离退休,但是他们的劳动权利并没有丧失。特别是随经济的发展,生活水平的提高,医疗事业进步,老年人健康状况普遍提高,寿命延长。我国老年人中蕴藏大量的宝贵人才,有巨大的潜在创造力。他们大多愿为国家和社会再做贡献,应当为他们提供劳动就业的机会,创造条件让他们为社会做贡献。

(9)参与社会发展的权利。社会发展离不开老年人的参与,老年人可以对青少年进行革命传统的教育,维护社会治安等。《老年人权益保障法》第四十至四十二条明确规定这种权利。

3. 新法修订亮点

大约一千年前，宋朝人陈元靓提出了"养儿防老、积谷防饥"的名言。然时移势异，在中国延续了千年的"养儿防老"的传统观念正在动摇。随着社会的进步，这种"养儿防老"的方式似乎有向"社会养老"过渡的趋势。2011 年，关系着全国 1. 67 亿老年人利益的《老年人权益保障法》修订案出炉，并有三大亮点：加入子女"常回家看看"；增加了"精神慰藉"、社区护理、保障房优先安排等内容，并将"社会照料"独立成章；还规定"国家鼓励有条件的地方为 80 岁以上的老年人发放高龄津贴"。

(1)家庭养老向社会养老过渡。新修订的《老年人权益保障法》在社会保障里拆分出一些内容，单独成立"社会照料"一章。主要是针对高龄老年人、生活不能自理的老年人，以及不能和子女居住在一起的老年人。

据有关人士介绍，单独成立"社会照料"总体上看分三个层面。

一是以居家养老为基础。强调社会照料要进家门，养老机构、志愿者、社区工作者上门为老年人服务。

二是以社区养老为依托。自治组织、养老机构要在社区里搞一些社区医疗服务、社区护理、文化活动设施，短期托养、日间照料等要在社区里开展起来。

三是以机构养老为补充。养老机构目前有三类：一类是国家办的，就是福利院、敬老院，解决一些贫困的老年人问题，给他们提供一定的服务，国家履行救助的职能；第二类是一些民间办的非营利的养老机构；第三类是经营性的养老机构，主要针对一些生活质量要求比较高的老年人，子女花钱将赡养的义务转移到机构里，满足老年人的需要。

(2)空巢老年人增多，"常回家看看"入草案。"空巢老年人"，一般是指子女离家后的中老年夫妇。随着社会老龄化程度的加深，空巢老年人越来越多,已经成为一个不容忽视的社会问题,我国 1.67 亿老年人中,有一半过着"空巢"生活。子女由于工作、学习、结婚等原因而离家后,独守"空巢"的中老年夫妇无人照料,权益得不到应有的保障。

草案在"精神慰藉"一章中规定,"家庭成员不得在精神上忽视、孤立老年人",特别强调"与老年人分开居住的赡养人,要经常看望或者问候老年人。"

关于"经常"只是一个定性概念,缺乏定量的明确限制,毕竟《老年人权益保障法》属于社会类立法,因此具体细节不可能规定得很清楚。但以后子女不"经常"回家看望老年人,老年人可以诉诸法律,以前这种诉讼法院一般不会受理,但现在法院要立案审理。此次草案把"常回家看看"写入法律,给老年人一份法律权利,给儿女一份法律义务,以法律推动亲情,是法治精神的升华。这对于亲情意识淡薄的儿女也是一种心灵震撼,虽说带有硬性的强制,但唤醒的却是儿女亲情良知,避免陷入给钱给物就是孝顺的误区。

(3)高龄津贴制度有望全国统一。据政府有关部门透露,国家将逐步建立和完善老年人社会福利制度。

修正草案稿中规定:"国家鼓励有条件的地方为 80 岁以上的老年人发放高龄津贴,提供免费体检等保健服务,提倡各地根据本地实际,降低享受保健补贴和免费保健服务的年龄。"

发放高龄补贴一直以来是我国养老困局中的一部分,全国各地情况不一,很多地方的高龄老年人享受不了相应补贴。本次修改《老年人权益保障法》,意味着高龄津贴将有望全国统一。目前,各地试点发放高龄津贴不是一个新鲜话题,但是全国各地发放的高龄津贴标准却很不一致。

(二)社会保险法

社会保险法 关注民生 改善民生

2010年10月28日第十一届全国人民代表大会常务委员会第十七次会议通过

【立法背景】

"广覆盖、保基本、多层次、可持续"被确定为社会保险制度的方针,以适应我国经济社会发展水平。

目前我国社保体系已初步建立,但各项社会保险分别通过单项法规或政策进行规范,缺乏统一的综合性法律;社会保险强制性偏弱,一些用人单位拒不参加法定社保,或长期拖欠保费;城乡之间,地区之间,机关、事业单位、企业之间社保制度缺乏衔接。原劳动和社会保障部部长田成平作《社会保险法》草案说明时指出,社会保险制度是完善社会主义市场经济体制、构建社会主义和谐社会和全面建设小康社会的重要支柱性制度,社会各界对制定《社会保险法》的呼声越来越高。

《中华人民共和国社会保险法》(以下简称《社会保险法》)从2007年开始审议,历经3年4审,于2010年10月28日终获通过,自2011年7月1日起施行。《社会保险法》规定,国家建立基本养老保险、基本医疗保险、工伤保险、失业保险、生育保险等社会保险制度,保障公民在年老、疾病、工伤、失业、生育等情况下依法从国家和社会获得物质帮助的权利。制定《社会保险法》,对于规范社会保险关系,促进社会保险事业发展,保障全体公民共享发展成果,维护社会和谐稳定,具有十分重要的意义。

《社会保险法》在完善有关享受养老保险待遇规定、明确应当建立异地就医医疗费用结算制度、强调保障社保基金安全、用人单位和个人的信息安全5个方面作了修改。其中与养老有关的关键内容如下。

1.社保基金不得挪作他用,确保安全保值增值

社会保险基金是民众的"保命钱",须确保其安全和保值增值。目前社会保险基金累积结存数额较大,又较分散,亟须严格规范,加强监管,保障基金安全。《社会保险法》第六十九条规定:"社会保险基金在保证安全的前提下,按照国务院规定投资运营实现保值增值。社会保险基金不得违规投资运营,不得用于平衡其他政府预算,不得用于兴建、改建办公场所和支付人员经费、运行费用、管理费用,或者违反法律、行政法规规定挪作其他用途。"

2.依法严格保密个人信息,泄露参保信息将被追究

社会保险行政部门、社会保险经办机构和社会保险费征收机构及其工作人员掌握用人单位和参保人员大量信息,对此应当保密,不得泄露。《社会保险法》第九十二条规定:"社会保险行政部门和其他有关行政部门、社会保险经办机构、社会保险费征收机构及其工作人员泄露用人单位和个人信息的,对直接负责的主管人员和其他直接责任人员依法给予处分;给用人单位或者个人造成损失的,应当承担赔偿责任。"

3.在华就业外国人参照本法规定参加社会保险

近年来,随着对外开放的扩大,外国人在中国境内就业的情况有所增多,应当对在我国境内就业的外国人参加社会保险作出规定,这也是国际上的通常做法。《社会保险法》第九十七条规定:"外国人在中国境内就业的,参照本法规定参加社会保险。"

4.缴满15年可按月领养老金,亦可转入新农保或城保

草案三次审议稿规定,参加基本养老保险的个人,达到法定退休年龄时累计缴费不足15年的,可以缴费至满15年,按月领取基本养

老金；也可以领取一次性养老保险待遇。养老保险的目的是保障退休人员的基本生活，一次性领取养老保险待遇起不到养老保障的作用，也不能体现社会公平，应当允许按照"多缴多得、少缴少得"的原则享受养老保险待遇。《社会保险法》第十六条规定："参加基本养老保险的个人，达到法定退休年龄时累计缴费满十五年的，按月领取基本养老金。参加基本养老保险的个人，达到法定退休年龄时累计缴费不足十五年的，可以缴费至满十五年，按月领取基本养老金；也可以转入新型农村社会养老保险或者城镇居民社会养老保险，按照国务院规定享受相应的养老保险待遇。"

5. 基本养老基金实行省级统筹

劳动和社会保障部部长田成平指出，我国社会保险各险种的基金统筹层次，目前大多为市县一级，这种较低层次的统筹影响了统筹效果的发挥和劳动力的跨地区流动。逐步提高统筹层次，是健全社会保险制度的必然要求。"截至 2007 年 9 月底，我国养老保险参保人数为 1.97 亿。据了解，目前我国养老保险制度面临人口老龄化、统筹层次较低、制度不衔接等问题。截至 2006 年底，全国只有北京、吉林、新疆等 13 个省（市、区）实现了养老保险基金的省级统筹，辽宁、广西等 7 个省（市、区）和新疆生产建设兵团以市级统筹为主，其他省（市、区）仍以县级统筹为主。

《社会保险法》草案明确规定："基本养老保险基金实行省级统筹。其他社会保险基金实行省级统筹的时间、步骤，由国务院规定。"已颁布的社会保险法社会保险基金一章中第 64 条规定：基本养老保险基金逐步实行全国统筹。经过评估，全国已经有 25 个省级单位达到了省级统筹的标准、在统筹过程中，以及在整个养老保险制度实施过程中，因涉及到缴费标准和支付水平的问题，要实现养老保险全国统筹不是一步到位，要逐步完善。

6. 养老险为何缴费高保障低

在社会保险法草案的讨论过程中，有一种意见认为养老保险缴费的标准有些高,而相对享受的保障又偏低。目前社保所规定的缴费标准与国际水平相比确实不低,这是因为这个制度承担着过去计划经济时期没有缴费的沉重包袱。另一方面社保提供的保障水平应该说确实不算高,但是自 2004 年以来,政府连续不断地提高企业退休人员的基本养老金水平,养老金的水平翻了一番。为此中央财政每年拿出超过 1500 亿的资金来支持社保养老金系统的运行,也是相应减轻了企业和个人的缴费负担。随着社会保险法的颁布实施,社会大众参保的积极性会更高,随着参保人数的增加,将进一步扩大基金规模,按照大数法则,企业和个人的缴费负担也会有所减轻。

7. 公务员养老另行规定遇强烈社会反应

社会各界反映最为强烈的是授权国务院另行规定的内容太多,尤其在养老保险章节。例如社会保险法第二章第十条规定:"公务员和参照公务员法管理的工作人员参加基本养老保险的办法由国务院规定。"

企业养老保险改革始于 20 世纪 90 年代的国有企业改革,当时迫切需要为大量破产关闭国有企业职工的生活寻找保障。因而决策层选择了看起来更容易操作的路径——先改企业,然后再改机关事业单位。未曾料到,企业职工和机关公职人员的养老金待遇差距越来越大,社会矛盾也越来越集中。

而另一方面,从法律的角度来讲,机关、事业单位的养老保险制度应该和企业一样,个人应该缴费,其他享受的条件和待遇支付的水平都应该在一个统一的平台上来制定。正是这一背景,造成了《社会保险法》立法的尴尬,应该触及的机关、事业单位养老金制度,由于尚未实质操作,很多问题依然看不清,立法之时选择绕行,但也引来了争议。

（三）我国城镇企业职工基本养老保险制度

1984 年,中国各地进行养老保险制度改革。1997 年,中国政府制定了《关于建立统一的企业职工基本养老保险制度的决定》,开始在全国建立统一的城镇企业职工基本养老保险制度。

中国的基本养老保险制度实行社会统筹与个人账户相结合的模式。基本养老保险覆盖城镇各类企业的职工,城镇所有企业及其职工必须履行缴纳基本养老保险费的义务。目前,企业的缴费比例为工资总额的 20％左右,个人缴费比例为本人工资的 8％。企业缴纳的基本养老保险费一部分用于建立统筹基金,一部分划入个人账户;个人缴纳的基本养老保险费计入个人账户。基本养老金由基础养老金和个人账户养老金组成,基础养老金由社会统筹基金支付,月基础养老金为职工社会平均工资的 20％,月个人账户养老金为个人账户基金积累额的 1/120。个人账户养老金可以继承。对于新制度实施前参加工作、实施后退休的职工,还要加发过渡性养老金。

经过几年的推进,基本养老保险的参保职工已由 1997 年末的 8671 万人增加到 2009 年末的 23550 万人,参加基本养老保险的农民工人数为 2647 万人。按照国务院部署,从 2005 年起连续五年调整企业退休人员基本养老金。2009 年底全国企业参保退休人员月人均基本养老金达到 1225 元。为确保基本养老金的按时足额发放,近年来中国政府努力提高基本养老保险基金的统筹层次,逐步实行省级统筹,不断加大对基本养老保险基金的财政投入。截至 2009 年底,全国 31 个省份和新疆生产建设兵团出台了实施养老保险省级统筹办法,如期完成在全国建立养老保险省级统筹制度的目标。

【计算养老保险的计提基数】

本人工资低于当地职工上年平均工资 60％的,按当地职工上年平均工资的 60％确定缴费基数;若本人工资高于当地职工上年平均工资 300％的,按当地职工上年平均工资的 300％确定缴费基数;若本人工资水平在当地职工上年平均工资 60％－300％之间的,按本人实际工资收入确定养老保险缴费基数。

1991 年,中国部分农村地区开始进行养老保险制度试点。农村养老保险制度以"个人交费为主、集体补助为辅、政府给予政策扶持"为基本原则,实行基金积累的个人账户模式。

从 2009 年起开展新型农村社会养老保险试点工作。2009 年 11 月至 12 月,全国 27 个省(自治区)的 320 个县(市、区、旗)和 4 个直辖市正式启动新农保试点。截至 2009 年底,1538 万农民参加了新农保,403 万 60 周岁以上的农民领取了基础养老金,累计发放基础养老金 3 亿元。

(四)城镇企业职工基本养老保险关系转移接续暂行办法

2009 年 12 月 28 日国务院办公厅发出通知,转发人力资源和社会保障部、财政部《城镇企业职工基本养老保险关系转移接续暂行办法》(以下简称《暂行办法》),要求各省、自治区、直辖市人民政府,国务院各部委、各直属机构,结合实际,认真贯彻执行。该办法从 2010 年 1 月 1 日起施行,旨在切实保障参加城镇企业职工基本养老保险人员的合法权益,促进人力资源合理配置和有序流动,保证参保人员跨省流动并在城镇就业时基本养老保险关系的顺畅转移接续。该办法适用于参加城镇企业职工基本养老保险的所有人员,包括农民工。已经按国家规定领取基本养老保险待遇的人员,不再转移基本养老保险关系。

1. 办理要花多久

45 个工作日办完。对于参保人员跨省流动就业的,转移养老保险关系需要走三个流程,即新参保地审核转移接续申请并向原参保地发出同意接受函——原参保地办理转移手续——新参保地接受转移手续和资金。三个流程走完之后即可办妥转移接续手续,政策规定每个流程最多 15 个工作日,也就是说对于参保者来说,最多 45 个工作日就可以将全部手续办完。参保人只要申请即可,剩下的工作将由两地社保部门进行对接转移。

2. 资金如何转移

企业缴费转走 12%。《暂行办法》明确规定,资金转移中,个人账户储存额全部转移,而统筹基金(即单位缴费)实行部分转移,即以本人 1998 年 1 月 1 日后各年度实际缴费工资为基数,按 12% 的总和转移,参保缴费不足 1 年的,按实际缴费月数计算转移。单位缴费跨地区的转移,是为了平衡地区之间的资金关系,不影响个人养老保险权益的累积,也不影响个人养老金的计算。

3. 能否退保

今后参保不得退。不得退保,它意味着,目前普遍存在农民工的"退保"现象有可能一去不复返。通知这样规定:未达到待遇领取年龄前,不得终止基本养老保险关系并办理退保手续。养老保险缴费不足15年者,可延续缴费并享受养老保险待遇。也就是说达到退休年龄,但同时又没有满足领取养老金条件的,可以通过延长缴费的方式,达到领取养老金条件。国家希望今后每一个人都能够通过各种方式领到养老金,真正达到"老有所养"。

4. 农民工是否具有可选择权

可权衡加入城镇养老保险还是新农保。目前很多农民工退休后都可能会选择返乡,只要符合条件,农民工可以自由选择享受城镇养老保险还是新农保。从目前来看,新农保待遇可能要低于城保,但是对农民来说,新农保的领取比较便利。

二、关于养老方面的地方性政策解读——以浙江省为例

养老保障是社会保障的重要组成部分,事关人民群众幸福安康。为贯彻落实党的十七大和省第十二次党代会、省十一届人大一次会议精神,根据《中共浙江省委关于全面改善民生促进社会和谐的决定》,现就建立健全覆盖城乡居民的养老保障制度提出如下意见。

(一)明确养老保障制度建设的总体要求

1. 养老保障制度建设的指导思想

高举中国特色社会主义伟大旗帜,以邓小平理论和"三个代表"重要思想为指导,深入贯彻落实科学发展观,围绕全面建设惠及全省人民的小康社会,着眼于率先建立覆盖城乡居民的社会保障体系,按照"广覆盖、保基本、多层次、可持续"的方针,推进企业、机关、事业单

位基本养老保险制度改革,探索城乡居民养老保障制度,不断扩大保障覆盖面,逐步提高保障水平,确保全体人民老有所养,努力促进社会和谐。

2. 养老保障制度建设的基本原则

一是坚持覆盖城乡、惠及全民,逐步实现人人享有基本养老保障,让全省人民共享改革发展的成果;二是坚持区别情况、分层推进,针对城乡发展的现实差距和不同群体的需求差异,分别建立相适宜的职工和居民养老保障制度;三是坚持合理筹资、量力而行,遵循个人、单位缴费与政府投入相结合,使保障水平与经济发展水平及各方面的承受能力相适应;四是坚持分级负责、属地管理,探索符合省情的养老保险省级统筹制度,因地制宜创新政策措施,确保制度持续健康运行。

(二)加快完善企业职工基本养老保险制度

1. 进一步扩大企业职工基本养老保险覆盖面

按照《劳动合同法》、《浙江省职工基本养老保险条例》等规定,大力推进职工基本养老保险扩面工作。全省企业、民办非企业单位、个体经济组织和与其形成劳动关系的职工,国家机关、事业单位、社会团体和与其形成劳动关系的未纳入编制管理的职工应当依法参加职工基本养老保险。无雇工的城镇个体工商户、非全日制从业人员可以自主参加职工基本养老保险。当前,要以私营企业、个体经济组织和与其形成劳动关系的人员参保为重点,努力扩大基本养老保险覆盖面。通过推行按企业工资总额缴费的社会保险"五费合征"办法,依法强化扩面征缴力度,确保单位用工与参保缴费相对应。

2. 逐步缩小不同地区缴费比例差距

在夯实基本养老保险缴费基数、确保制度可持续运行的前提下,经过周密测算和综合平衡,费率偏高的统筹地区报经省劳动保障、财政部门批准后,可适当降低单位缴费比例。正常费率偏低的统筹地区也可适当提高单位缴费比例。完善"低门槛准入、低标准享受"的养老保险政策,并适时推进其与正常制度并轨。

3. 逐步做实基本养老保险个人账户

做实个人账户要实行"老"、"中"、"新"分开。以 2007 年 1 月 1 日为基准时间,此前已退休的人员,退休前已有账户不做实;已经参保但未退休的人员,此前没有做实的个人账户不再做实,之后缴费逐步做实;此后参保的人员,个人账户从参保缴费开始逐步做实。做实个人账户的起步比例为 3%,今后逐步提高。做实个人账户的具体管理办法另行制定。

4. 制定适合农民工特点的养老保险办法

本统筹地区户籍农民工继续按现行规定参加职工基本养老保险。对劳动关系不够稳定的非本统筹地区户籍农民工,要研究制定有利于提高参保积极性和养老保险关系转续的办法。具体办法另行制定。

5. 解决城镇集体企业部分未参保职工的基本养老保障问题

对破产、关闭的原城镇集体企业未参保在册职工,要做好养老保障的政策衔接工作。其中,对大集体企业职工,以当地实行固定职工个人缴纳基本养老保险费的初始年份为基点,此前工作可按国家和省规定可以计算连续工龄的时间,视同缴费年限;基点年份至企业破产、歇业年份的基本养老保险费需要补缴,补缴标准和资金来源由各地根据实际确定。对已达法定退休年龄的人员,缴费年限(含视同缴费年限)符合按月领取基本养老金年限的,按现行办法计发基本养老金。对仍处于劳动年龄段的未参保人员,在给予视同缴费、补缴等政策衔接的同时,实行再就业援助,在未就业前鼓励其以个体劳动者的身份继续参保,到达法定退休年龄后按制度规定计发基本养老金。对破产、关闭的其他城镇集体企业已达法定退休年龄的未参保城镇职工,各地要采取有效措施,保障其基本生活。

(三)推进事业单位养老保险制度改革

1.实行社会统筹与个人账户相结合的基本养老保险制度

在事业单位分类改革的同时,除参照《公务员法》管理的事业单位外,其他事业单位纳入事业单位养老保险制度改革范围。基本养老保险费由单位和个人共同负担,单位缴纳基本养老保险费的比例,一般不超过单位工资总额的20％。个人缴纳基本养老保险费的比例为本人缴费工资的8％,由单位代扣,个人缴费全部计入基本养老保险个人账户。

2.改革基本养老金计发办法

以实施事业单位基本养老保险制度改革为界,改革前已退休的人员,继续按照国家和省规定的原待遇标准发放基本养老金,参加国家和省统一的基本养老金调整;改革后参加工作的人员,退休后按职工基本养老保险制度规定享受养老保险待遇;改革前参加工作、改革后退休的人员,按照合理衔接、平稳过渡的原则,在发给基础养老金和个人账户养老金的基础上,再发给过渡性养老金。具体办法另行制定。

事业单位基本养老保险基金单独建账,与企业职工基本养老保险基金分别管理使用。具备条件时,可与企业职工基本养老保险基金统一管理使用。

3.建立职业年金制度

为建立多层次的养老保险体系,提高事业单位工作人员退休后的生活水平,事业单位在参加基本养老保险的基础上,应建立工作人员职业年金制度。具体办法另行制定。

第三章 他山之石,可以攻玉
——借鉴篇

【中美老太对话的第 N 个版本】

有一天,美国一位老太太正在天堂养老院里闲坐,看到门口路过一个老乞丐非常眼熟,仔细一看原来是几年前见过的那个中国老太太,两人就聊了起来。

中国老太太问:你不是买了房,而且还完款了吗,怎么住到养老院里了?

美国老太太说:我把那套房子给卖了,又贷款买了一套更大的,结果后来房价下跌的厉害,再还贷款太亏了,就把房子退回去了,现在靠 401k 计划的养老金支付这养老院的费用。

美国老太太问:你不是攒了一辈子钱买了一套房吗,怎么现在讨起饭来了?

中国老太太叹道:唉,我儿子打算结婚,可那未来的儿媳妇说不买房就别想结婚。我为儿子的婚事着急呀,就把老家那套房子给卖了,但你不知道这几年中国的房价涨得有多快。卖房的钱都不够在大城市买房的首付,我又借了一大笔钱总算给我儿子安了个家。结果后来儿子、儿媳妇都下岗了,实在支付不起高额的房贷,就断供了几个月,房子被银行收回去了。而我的退休金少得可怜,现在只能靠讨钱来还债了。

一、汤姆叔叔的小屋——美国人如何养老？

退休养老问题是一生理财计划中的重要组成部分,但随着老龄化社会的到来,无论是中国还是美国,养老保障体系都面临巨大的考验。

【中美老太对话的第(N＋)1 个版本】

美国老太太:政府和企业给的退休金越来越少,只能自己往401K 里多放点钱了,幸好这个账户没出现大问题。

中国老太太:交了一辈子养老保险,到头来养老金就领那么点,真不如不交了。

美国老太太:养老规划还是越早做越好。

中国老太太:是呀,所以一辈子都在努力攒钱,不敢消费呀。

(一)401k 计划

在美国,除了个人退休账户(IRA),资金规模最大的养老金计划就属 401k 了。401k 计划始于 20 世纪 80 年代初,是指美国1978 年《国内税收法案》(*Internal Revenue Code*)新增的第 401 条 k项条款的规定。该计划主要为私人营利性公司而设计,通过税收方面的优惠达到鼓励养老储蓄的目的,是美国合格的私人退休计划。截至 2005 年底,100 人以上的公司中人约有 70％参加了401k 计划,其资产已经达到了 2.4 万亿美元,占养老金总资产(14.3 万亿美元)的 16.8％。401k 计划已成为美国养老保障体系中重要的支柱之一。

1.主要内容

401k 计划是一种缴费确定型(DC)计划,实行个人账户积累制,其建立需符合一定条件。401k 计划由雇员和雇主共同缴费,缴费和投资收益免税,只在领取时征收个人所得税。雇员退休后养老金的领取金额取决于缴费的多少和投资收益状况。

401k 计划养老金领取条件是:年满 59.5 岁;死亡或永久丧失工作能力;发生大于年收入 7.5%的医疗费用;55 岁以后离职、下岗、被解雇或提前退休。一旦提前取款,将被征收惩罚性税款,但允许借款和困难取款。雇员在年满 70.5 岁时,必须开始从个人账户中取款,否则将对应取款额征税 50%,这一规定目的在于刺激退休者的当期消费,避免社会落入消费不足的陷阱。

2.运营和投资

401k 计划运营的参与者包括:(1)发起人,通常是雇主;(2)受托人,由企业成立养老金理事会或选择专业金融机构;(3)账户管理人,通常是金融机构;(4)投资管理人,通常是金融机构;(5)托管人,通常是银行;(6)其他咨询公司、会计机构等。其中,扮演主要角色的是共同基金、寿险公司、银行和证券公司等金融机构。

401k 计划资金可以投资于股票、基金、年金保险、债券、专项定期存款等金融产品,雇员可以自主选择养老金的投资方式。与 DB(给付确定型)计划相反,其投资风险由雇员承担。通常,美国大公司的雇员更愿意购买自己公司的股票。

3.监管

401k 计划的监管涉及各金融监管机构、国内税务局和劳工部。各金融监管机构的主要职责是对偿付能力、市场行为、公司治理、投资行为、信息披露等进行监管。国内税务局的主要职责是防止税收收入流失和税收待遇被滥用。劳工部的主要职责是:确认计划发起人、计划参与者、计划本身的合格性;严格贯彻落实"非歧视"原则;监督受托人履行职责。

4.寿险公司在401k计划中的地位和作用

寿险公司主要通过如下两种方式参与到401k计划中去,在401K市场占大约25%的市场份额。

(1)提供投资产品。寿险公司通过保证收入合同(GICs)等产品,为养老基金提供多样化的投资方式。

(2)提供管理服务。寿险公司还为养老金计划提供受托管理、投资管理和账户管理服务。

5.401k计划成功的原因

作为一种非强制性的养老金计划,401k计划发展迅速,仅用20年的时间就覆盖了约30万家企业,涉及4200万人和62%的家庭,成为缴费确定性计划的主流。主要原因如下。

(1)税收优惠是401k计划发展的原动力。在此之前的补充养老保险计划多由企业缴费,可以享受税优,如有个人缴费则需纳税。因此美国的个人储蓄率一直较低,人们更倾向于当期消费。通过个人缴费的税收优惠政策,401k计划实现了国家、企业、个人三方为雇员养老分担责任的制度设计,对企业和员工产生很大的吸引力。

(2)"以养老为目的"的制度设计和监管提高了储蓄率。401K属于员工退休计划,账户里的资金在员工退休之前一般不允许领取,只有在年龄达到59.5岁时才可以领取。除非出现残疾、死亡、退休、雇用关系终止等特殊情况,提前领取401K资金,不仅要补缴20%的个人所得税,还要缴纳10%的惩罚性罚款。员工退休时则可以一次性领取,也可以选择分期领取或转为存款等方式使用。401k计划为了实现养老的目的,通过有力的监管对提前取款行为进行了惩罚,有效地激励了储蓄。研究结果表明,与美国国民原有的边际储蓄倾向相比,401k计划可以提高至少89%的国民储蓄率。

(3)成熟的资本市场为养老金的长期投资提供了适宜的市场环境。20世纪70年代初美国资本市场开始进入大变革时代,市场更加成熟,投资工具日益丰富,加上法律法规体系和监管体系非常健全,包括 401k 计划在内的养老金资产成为美国资本市场的基石,与资本市场形成了良性互动发展的局面。特别是使得以共同基金为代表的机构投资者迅速崛起,2004 年共同基金持有 401k 计划资产总额的 51.5%,为 1.086 亿美元。

(4)其他特点。一是个人账户的可携带性有利于劳动力的流动。二是雇员具有投资选择权促进了他们的积极参与。企业或雇主作为发起人,负责计划的设立、设计和日常管理,同时为员工提供投资选择。一般情况下,根据不同的风险承受能力,企业或雇主会向员工提供 3—4 种证券组合投资计划,但并不保证收益。员工可以依据自己的投资偏好选择任意一种适合自己的投资组合进行投资,期间的投资收益滚存在 401K 账户中。三是企业的配套缴费有助于吸引并留住人才,和 IRA 中的雇主缴费不同的地方是,企业或雇主为员工缴纳的部分并不是无条件地归员工所有。大部分公司会对公司缴费部分设定时间表,规定员工为公司服务达到一定期限后,公司缴费部分才全部归员工所有。这些特点有助于调动企业和员工参与 401k 计划的积极性。

6. 401k 计划存在的问题

尽管 401k 计划获得了极大的成功,但也面临着一些问题。

(1)401k 计划的发展速度开始减缓。一是因为加入 401k 计划的年轻人越来越少,他们正在支付高额的大学贷款、信用卡债务,并将多余的现金投入房产市场。二是由于最初加入计划的"婴儿潮"一代人已经进入领取期,大多数人将会在退休时取消 401K 账户。

(2)雇员承担了过重的风险。根据制度设计,401k 计划的投资运营风险完全由雇员承担,一旦投资失败会导致难以挽回的损失。以安然事件为例,由于其员工在 401k 计划中相当大一部分投资于安然公司股票,且出售受到限制,安然公司的倒闭导致 2 万多安然员工养老金损失达 20 多亿美元。前几年资本市场不景气也导致美国养老金大幅缩水,给雇员个人账户带来较大损失。

（3）养老的目的难以完全实现。401k 计划养老金的领取由雇员自己决定，他们大多选择一次性领取，难以保证该养老资金在退休后合理使用。

7.401k 计划的几点启示

（1）国家应当在更高层面规划补充养老保险体系的发展，发展多种不同形式、覆盖不同职业、满足各种不同需求的补充养老保险，如企业年金、团体年金、DB、DC、混合型计划等。

（2）税收优惠（缴费免税、投资收益免税、领取缴税）是补充养老保险计划建立的巨大动力，国家应通过税优政策鼓励补充养老保险的发展。

（3）养老保险资产应当通过有效的运用，与资本市场发展、国民经济增长实现良性互动。

（二）老年社区

在美国，已经形成了较为全面的养老居住建筑和服务设施类型，全面覆盖身体状况从健康到虚弱，生活自理程度从独立居家生活到需要辅助生活的各阶段老年人。其中较为典型的一种养老居住模式是老年社区，它以成熟的商业化运营模式著称。老年社区既是美国郊区化的产物，更源于其特定的地理和社会背景——充裕的土地资源，发达的市场环境，较年轻的老年群体。这类社区多建设在郊外地段，以低密度住宅形式为主，主要面向较年轻、健康、活跃的老年群体，为其提供居住和配套服务，让老年人在享受郊外的清新空气和美好景观的同时，还能充分利用各类休闲娱乐、健身设施，实现健康向上的生活情趣。整个社区内部形成多层级的设施配置，既有集中的社区配套设施以满足较大规模的聚会与活动，每个组团还设有基本配套设施，满足小组团内部相对全面的生活需求，促进居民对居住邻里的归属感和家庭感。有的老年社区不仅提供专门面向老年人的住宅,还为年轻家庭提供适合的居所,实现各年龄阶层的混合居住,既为两代家庭相邻而居提供可能,还能让老年人在与不同年龄段人群的广泛接触中,获得充实感与满足感。有的社区为老年人提供了多种可参与的活动内容,形成上百个由社区居民自行运营的俱乐部和活动项目,使老年人老有所乐。有的社区通过与周边的知名大学建立合作关系,借用大学的教学设施提供终生学习项目,从而吸引了大量高知文化的老年人,使其老有所为,老有所学。

(三)老年人公寓

美国文化崇尚独立,老年人家庭基本上都是"空巢"。要么是老两口(或是单身老年人)自己搞定,有条件的,可雇个保姆或请个钟点工,要么就搬到老年人公寓(类似于国内的养老院)去住。在那里,有许多老年人为伴,有专职员工照顾他们的基本起居生活。

老年人公寓在美国很普遍,各个州各有特色。以波士顿为例,老年人年满 62 岁后,只要付一定的基本房租,就可以申请入住老年人公寓。公寓分高、低档次,高级老年人公寓入住者需每月交 3000 美元,可享受全天候的医疗服务。

一般档次的老年人公寓数量最多,主要面向中低收入老年人,入住者需拿出自己收入的 1/3 交给公寓,剩下费用缺口则由政府埋单。在 2006 年前,规定申请入住普通老年人公寓的老年人年收入不能超过 28500 美元,2009 年则提高到 29000 美元。该类型公寓条件较好,24 小时管理,配有保健人员;有图书馆、计算机房、健身房、停车场等设施,供入住者免费使用;每周放一次电影,还提供两小时免费搞卫生服务,定时有人上门帮忙;每天,公寓送一顿午餐盒饭,有肉有菜,并配牛奶与水果。

二、绅士老了，该如何体面地生活

——英国人如何养老？

(一)基本情况

英国在 1931 年就加入到了老龄化国家的行列。法律规定，公务员男性 65 岁、女性 60 岁可以退休。目前，英国 65 及 65 岁以上老年人口已超过 1000 万，英国劳动力比较短缺，政府一直鼓励晚退休，甚至有的地方提出到 68 岁再退休，尽管这样，仍有一半以上的男性和 1/3 的女性会提前退休，加之平均寿命的延长，领取养老金的老年人会不断增加，到 2035 年英国 65 岁以上的老年人占全国总人口的比例将从现在的 18% 上升到 25%，超过 1200 万人。国家规定的最低退休金为每周 80 英镑，计算退休金的工资不是按退休前已经达到的最高工资，而是根据年龄，按在职时工资最高的 21 至 25 年的平均值做退休金的基数。英国是发达国家，也是西方实行福利政策最早的国家，这种政策也给英国财政开支增加了沉重的负担。

(二)养老模式

英国退休公务员以及其他老年人最喜欢的养老模式是"社区养老"。社区养老就是尽可能地让老年人在自己的家或类似家庭的环境下过正常的生活，让老年人有高度的独立自主性，最大限度地发挥他们的潜能，老年人对自己的生活方式及所需服务有较大选择权和决定权，其特点可以概括为以下 3 点。

1.政策引导

英国各级政府都有鼓励发展社区养老的政策规定和具体的措

施,保证社区能切实地承担起养老这一职能。

2.政府出资

英国有"退休人员服务部"的分支机构 4000 多个,支出费用的 45％由财政资助。这些机构分布在各个社区,充分体现了养老政策以政府为主的特点。社区养老主要以社区为依托,各种服务设施都建在社区,尽量与老年人的生活相融合。

3.形式多样

社区养老既可以由政府出资兴办,也可以由私人兴办。提供服务的人员既有政府雇员,又有民间的专业工作人员和志愿服务人员,形成了多主体、多层次的服务体系,以满足不同情况老年人的需求。

(三)养老机构

英国的养老机构大体分为三类,第一类是由政府出资兴办;第二类是个人出资兴办,属私营商业性质;第三类是由教会兴办,在英国信仰天主教的居民占全体信教人群的 90％以上,教会作为慈善的一部分,兴办了不少养老院和老年公寓。

由英国各级政府管理的"退休人员服务部",是 1968 年开始陆续兴办起来的养老服务机构,已有 40 年的历史。一个"退休人员服务部"一般有 5—10 名雇员和大量的志愿者为老年人提供服务。他们不仅为公务员服务,同时也为辖区内的全体老年人服务。在英国每一位公务员及公司雇员退休时,都能被介绍到就近的"退休人员服务部",得到一份"退休人员服务"的详细情况介绍,加入"退休人员服务部"。入部采取自愿原则,凡加入人员每年需缴 18 英镑的费用。可以享受的服务内容有以下几项。

1.社交及康乐服务

提供各种发展性、教育性、社交性及康乐性活动,使老年人建立良好的人际关系,提升自我形象,善用余暇、发挥潜能,参与社区生活。例如,组织老年人每年自助游览观光;组织老年人开展互助活动;组织各类学习小组、兴趣小组、讲座及参观等;进行各类健康检查、讲座、咨询服务等。

2. 生活照料服务

包括上门送饭、做饭、打扫居室、洗涤衣物、洗澡、理发、购物、陪同上医院、住院慰问、料理后事等项目。

3. 定期保健服务

社区保健医生定期上门为老年人看病,免处方费;保健访问者上门为老年人传授养生之道,帮助老年人预防疾病等。

(四)社区照顾

社区照顾作为一种理念,最先由英国提出。社区照顾的服务对象当然不仅仅是老年人,但对老年人的照顾最能体现其特点与优势。社区照顾养老模式是通过运用社区的各种正式与非正式资源,尽量做到使需要照顾的老年人能够继续留在社区或他们原来熟悉的生活环境下维持独立的生活,而同时又能获得必要的照顾,从而避免不必要的住院或隔离。因此,它是一种介于老年人家庭照顾和老年人社会机构院舍照顾之间的运用社区资源开展的老年人照顾方式。理想的社区照顾同时注重"在社区内的照顾","由社区照顾"和"与社区一起照顾"。通过在社区内提供小型院舍,或者在老年人本身的居所内获得包括政府、专业人士、家人、朋友、邻居及社区志愿者所提供的照顾,帮助有需要的老年人能够独立的、有尊严的在社区中继续生活。与院舍照顾相比,社区照顾的突出优势在于接受服务的老年人不需要离开自己熟悉的社区环境,不需要改变自己的正常生活习惯。更为重要的是,社区照顾模式将老年人的照顾问题与需要正常化,而不是像院舍照顾中那样,将老年人视为弱者或被帮助的对象。社区照顾还强调"正式与非正式的照顾互相配合"。

社区照顾是由政府或非政府部门在社区内成立专门的社区照顾机构,或者在社区既有的社会服务机构上再增加社区照顾的内容,对有需要的人提供服务。这种方式可以聘请专业人员进行服务,因此效果较好,并且已经取得了很大的成绩。但它对人员、场地、设施的要求较高,因此普及度不高。另一种社区照顾的方式就是由社区工作者联系社区内的专门服务机构和人员,成立社区照顾小组,对有需要的人士提供服务。这种方式可以利用现有的社区组织以及家人、亲友、邻里、同事或其他志愿者来提供服务,这些都是社区照顾资源中的重要组成部分,应该大力进行动员、组织和利用,以提高社区照顾的普及性。

社区照顾的内容是多方面的,因此要针对老年人的不同需求,开展多种多样的照顾和服务。比如有的老年人需要医疗照顾,有的老年人需要生活料理,而有的老年人需要的是精神慰藉。需要明确的是,老年人社区照顾并不是撇开家庭另搞一套对老年人的服务,而是以家庭为基点,着眼于家庭的整体需要,所提供的服务既针对需要照顾的老年人,同时,也针对照顾老年人的其他家庭成员,以帮助他们履行照顾责任和减轻压力。

三、斗牛士的晚年——西班牙人如何养老?

(一)基本情况

西班牙位于欧洲西南部伊比利亚半岛,国土面积为 505925 平方公里,海岸线长约 7800 公里,人口 4616 万,96%的居民信奉天主教。西班牙在 1492 年 10 月哥伦布发现西印度群岛后进入兴盛时期,逐渐成为海上强国,在欧、美、非、亚均有殖民地。西班牙是中等发达的资本主义工业国家。以 1986 年加入欧共体为契机,经济发展出现高潮。

1998 年 5 月成为首批加入欧元区的国家之一,经济继续保持稳定增长态势。

西班牙属于欧洲高福利国家,人们衣食富足、心态平和、安居乐业,尽情享受生活。国家对老龄社会的照顾无微不至,老年人可以免费乘车、游览公园和文艺场所,得到了全社会的关爱。西班牙1993年人均寿命已经高达77.6岁,居世界第六位,全国共有65岁以上的老年人700多万。

(二)养老模式

在西班牙,子女一从学校毕业,有了工作,就离开父母独立生活,有的一两个星期回家一次,一旦结婚,见父母亲的时间就更少,有的是一两年见一次。当然,做父母亲的也绝不会埋怨孩子不孝顺,因为自己也是这样过来的,老年人大多数和自己的老伴相依为命。

西班牙法律规定,公务员不论男女65岁退休。只要向国家社会保障委员会缴纳退休基金就有权领取退休金,基金必须缴纳15年以上,其中缴纳基金35年以上者,可以领取全额退休金。

西班牙养老保险与欧盟的许多国家一样,在资金上实行现收现付制,但其养老金计发办法却很有特点,与本国社会经济发展、历史文化传统等诸多因素有密切联系。西班牙养老金计发办法的一些做法值得我们借鉴。

西班牙实行全国统一的社会保险管理体制,国家劳动保障部统管全国的社会保险工作,下设两个独立的社会保险经办机构:(1)TGSS(Tesoreia Genral di la Seguridad Social),负责社会保险基金的征缴和运营。(2)INSS(Inst. Nacional de la Seguridad Social),负责社会保险基金的分配、发放以及相关的管理服务。西班牙的养老保险通过TGSS和INSS从中央到地方进行垂直管埋,在全国范围内实行统筹互助互济。西班牙退休人员养老待遇的计发也在全国范围内实行统一的办法,不论是公司老板、企业雇员,还是政府公务员退休时均执行统一的退休条件和统一的养老金计发办法。

西班牙退休人员按月领取养老金必须同时满足以下 3 个条件:首先,本人要有参保的经历,在职时要按规定参加养老保险费。其中,个人缴费基数以纯工资收入计算,其下限为最低工资标准,上限为平均工资的一定比例。个人缴费满 15 年才能领取基本养老金,基本养老金相当于足额养老金的 50%,如果要领取足额养老金必须缴费满 35 年。其次,从业人员要年满 65 周岁,男性、女性一样。最后,个人申请养老保险待遇时要停止工作。如果按月领取养老金后,本人再接受聘用重新就业,社会保险经办机构可停止发放养老金。

由于西班牙的退休年龄从 1967 年起由 60 周岁正式延长为 65 周岁,所以规定,1967 年以前参加工作的人员可以提前退休,即在 60－65 周岁之间退休,但如提前退休,养老金的计发比例要相应降低。对工作年限满 40 年的人员、井下矿工、斗牛士等,在退休条件上有一定的照顾。由于工伤事故等特殊原因导致丧失工作能力的人员也可以提前退休,这些特殊人员提前退休递减的比例可以按照 7% 执行,但其提前退休必须是非自愿的,提前退休的年龄不得低于 60 周岁。自雇人员、农业劳动者、家政服务人员则不能提前退休。

退休人员每年可以领取 14 个月的养老金,2001 年月平均养老金为 9.3 万比塞特(约 520 美元)。退休人员死亡后,遗孀或鳏夫只要曾经按规定累计缴纳社会保险费满 500 天,就可享受亡夫或亡妻的养老金,如果本人也有按规定享受的养老金,一人就可以同时享受双份的养老金,但如果再婚则只能享受本人的养老金。

西班牙养老金计发办法的主要特点是:(1)养老待遇的给付主要依据本人历年缴费工资的平均水平,以及工作年限(缴费年限);(2)国家每年对养老金水平进行精算,并通过计发办法进行适当调节;(3)不同时期退休的人员在计算本人养老金时,可根据当时的居民消费价格指数调整过去从业时期养老金计算基数。西班牙是福利国家,养老保险待遇水平较高,而由于个人缴费不建账户,统账不分,政府承担责任大,每年需精算调整缴费比例,基金回旋余地小,国家风险大。

(三)养老机构

西班牙领到养老退休金的老年人,70岁一过就要求去养老院生活。西班牙有5000多所养老院供老年人自由选择,这些养老机构多数是民间经营,且近半数都是在近十年兴建的。尽管这样,也不是每个70岁以上的老年人都能进养老院养老的,西班牙养老院的费用相当昂贵,最低每月要付750欧元(约合8300元人民币)才能入院。

西班牙法律还规定,允许那些在年轻时购买了房产的老年人,在退休失去收入之后,用自己的房产向银行进行抵押。银行每个月向这些老年人提供养老金和医疗经费,等到老年人去世,银行就收回他们的房屋,然后进行拍卖以偿还他们支付给老年人的一系列费用。

西班牙养老机构和英国的养老机构大体一致,分为三类:政府出资兴办、个人出资兴办、教会兴办。例如巴塞罗那"贫困兄弟姐妹之家"就是一所天主教教会办的养老机构,规模较大、管理规范、服务上乘、设施完备。贫困兄弟姐妹之家的管理模式、服务程序等都是向美国学习的,由天主教会委派修女来管理,负责处理日常工作。该机构已有140多年的历史,最多时这里供养着300多名老年人,目前在这里养老的老年人有86名,年龄最大的已104岁。其特点:一是设计建设上充分体现家庭模式,在这里养老和在自己家没太大区分。二是住这儿的老年人自己的事自己做,力所不及时工作人员会主动去协助,充分营造家的感觉。三是生活充实,人人有事做。身体好的帮工作人员做些体力活,眼神好的给大家读报,手脚利落的帮大伙拿这拿那,有一技之长的可以发挥特长,有艺术天分的有画室、音乐室、雕刻室、刺绣室等,使每个人的潜质和特长得到充分发挥和表现。四是服务和优待是买来的。有钱人可以在这里享受到最好的服务,一切以出钱多少而论,当然没钱人或钱少的人也可以享受到标准的服务。

四、银发社会的晚年安排——日本人如何养老?

(一)基本情况

根据日本总务省发表的统计数据显示,截至 2009 年 9 月 15 日,全日本总人口为 1 亿 2000 万左右,居世界第 10 名。其中 65 岁以上的老年人口为 2898 万,比 2008 年增加了 80 万。65 岁老年人在日本总人口中的所占比例达到创纪录的 24.2%。

日本是世界上平均寿命最长的国家。日本政府早在 20 世纪 50 年代末便开始通过立法来解决养老问题。1970 年日本 65 岁以上老年人口在总人口中所占比例超过 7%,成为亚洲最早进入人口老龄化社会的国家,在 40 多年应对人口老龄化的过程中,日本建立了较为完善的法律法规和应对措施,积累了较为丰富的经验。

日本人口老龄化变化情况

年份	65 岁以上人口数	占总人口比重（%）	平均年龄（岁）	老年抚养系数	老少比（%）
1950	4109	4.9	22.6	8.3	14.0
1960	5350	5.7	29.1	8.9	19.1
1970	7331	7.1	31.5	10.2	29.5
1980	10647	9.1	33.9	13.5	38.7
1990	14895	12.1	37.6	17.3	66.2
2000	22005	17.4	41.4	25.5	119.1
2005	25672	20.1	43.3	30.5	146.5
2008	28216	22.1	44.3	43.3	164.3

日本人口年龄结构变化

年份	0—14 岁		15—64 岁		65 岁及以上	
	人口数	比重(%)	人口数	比重(%)	人口数	比重(%)
1980	27507	23.50	78835	67.35	10647	9.10
1990	22486	18.18	85904	69.47	14895	12.05
2000	18472	14.55	86220	67.93	22005	17.34
2005	17521	13.71	84092	64.82	25672	20.09
2006	17436	13.65	83731	65.53	26604	20.82
2007	17293	13.53	83015	64.97	27464	21.49
2008	17176	13.45	82300	64.45	28216	22.10

(二)日本的公共养老金制度

日本实行多层次养老金制度,它们共同构成养老金体系。其中第一、第二层次由政府运营并强制公民加入,被称为公共养老金;第三层次可由企业自主运营、公民自主参加,因而被称为非公共养老金。受多层次养老体系覆盖的日本居民可以分为非受雇人员(自营者、农民和学生)、公营和私营部门的雇员、私营部门雇员的配偶三大类,分别被称作第一类被保险人、第二类被保险人和第三类被保险人。

1.日本养老金制度的基本特征

(1)具有多层次的管理运营主体。公共养老金(第一、第二层次)由政府运营并强制公民加入,非公共养老金(第三层次)可由企业自主运营。

(2)现收现付和确定给付型养老金计划占主导地位。日本的绝大多数养老金计划都是现收现付制和确定给付型。随着 2001 年 10

月《确定交费养老金法案》的通过,开始出现确定缴费和基金制相结合的养老金计划,但总体而言,这类养老金计划在整个养老金体系中所占比例很小。

(3)政府财政支持是养老金体系的重要资金来源。第一层次的基本养老金,中央政府不仅负担全部的行政管理费用,还负担全部养老金支出的 1/3(2004 年之前提高到 1/2);第二层次的雇员养老金保险和互助养老金部分,中央政府提供全部行政管理费用;第三层次的养老金计划,政府未提供太多财政援助。

(4)多层次和公私混合。日本养老金体系中的第一、第二层由政府强制居民加入,由政府运营管理,具有典型的公共性。即使是第三层次中的雇员养老金基金,由于它代为管理相当一部分雇员养老金资产,因而具有半公半私特征。第三层次中的其他部分以及第三层次以外的则由个人自由决定是否加入,并由私营机构运营管理,具有私营特征。

(5)养老金给付的指数化特征。基本养老金给付额不但与每年的消费者价格联动,而且大约每过 5 年,就根据居民实际生活水平进行调整;雇员养老金计划与收入成比例的给付部分也参照过去收入和物价水平指数化变动。

(6)公共养老金制度之间存在交叉补贴。公共养老金体系的两大主体是雇员养老金保险和国民养老金,其中,覆盖第一类被保险人的国民养老金除了接受来自政府的补贴外,还接受了雇员养老金保险的补贴。

2.日本养老金制度主要内容

(1)日本公共养老金制度。

①国民养老金制度(NP)。NP 设立于 1959 年,并于 1961 年正式实施,其设立的法律依据是 1959 年制定的《国民养老金法》。其设立目的是向自营者、农民及其配偶、失业者、学生提供养老受益。1985 年《国民养老金法》得到修改,规定从 1986 年 4 月开始,工薪族

(公、私部门雇员)也必须加入这一养老制度,从而将 NP 扩大到包括雇员养老金保险(建立于 1942 年)和互助养老金(最古老的一种)的参加者,使其成为政府强制,覆盖全民、现收现付、缴费统一和受益统一(非收入相关)性质的统一养老金制度。自此,NP 也被称为基础养老金。

自 1986 年以后,公私部门雇员及其配偶均通过向雇员养老保险(EPI)及互助养老金(MAP)的强制性交费参加国民养老金制度,而非直接向国民养老金缴费。每年,EPI 和 MAP 向 NP 转移足够的资金来为其受保的雇员及配偶支付统一收益。这些收益都同退休后的生活费用相挂钩。

②雇员养老金保险制度(EPI)。EPI 制度于 1942 年建立,其目的之一是为战争提供稳定的储蓄。它主要覆盖私营部门的雇员,是政府强制、受益与收入相关的养老储蓄计划。参加 EPI 计划的雇员受益由两部分组成,第一部分是来自于基本养老保险的统一受益额(与收入无关),第二部分来自于 EPI 计划的受益额(与收入相关)。第二部分受益额的计算公式为:0.75% × 指数化后的平均收入(不包括奖金)× 保险年限。使用这一受益公式,交费达 40 年的工人,其第二部分受益额将达到实际平均收入的 30%。另外,当已婚工人及其配偶退休时,来自第一部分的统一受益额能获得超过 50% 的替代率。这样,参加 EPI 计划的雇员,总共可获得 80% 的替代率。

(2)日本非公共养老金制度。

①国民养老金基金制度(NPF)。NPF 制度于 1991 年 4 月实施。该制度以第一类被保险人为对象,向这类人群中不满足于第一层次保险(国民养老金)的人提供更高层次的养老保险。但只有大约 4% 的第一类被保险人向该基金缴费。养老金支付分无期与有期两种,另外金额也可以自主选择。国民养老金基金制度享受税收优惠。保险费的税收上限为每月 68000 日元。此外,这类养老金的领取也是免税的。

　　②退休离职津贴制度。90％以上的日本雇员享受退休离职津贴,这一津贴计划将津贴额与工作和收入年限相联系。其资金来源于公司营运收入。当工人离开雇主时,退休离职津贴一次性支付。一个大公司的普通男性退休者在退休时会收到大约2500万日元(208000美元)的退休离职津贴,相当于大约38个月的收入。然而更多公司正从一次性支出的退休离职津贴计划转向年金支出性质的养老金计划,退休离职津贴计划正在萎缩。1974年,43％的大公司只提供一次性退休离职津贴计划,而无额外的养老金计划。但到了1996年,只有5％的公司仅仅依赖于退休离职津贴计划作为其雇员的退休受益。

　　③税收合格养老金制度(TQPP)。TQPP制度建立于1962年,除了被较大公司采用外,也被小公司所采用。公司至少有15个雇员才能设立TQPP。虽然理论上也允许雇员交费,但大多数TQPP完全通过雇主交费融资。对其养老金资产组合价值需要征收年资产税,大约是资产的1.173％。这些计划下的大多数退休人员选择一次性受益支付,而非年金形式。TQPP受财政部监管,与EPF监管法规完全不同。2002年4月《确定交费养老金法案》生效后,政府允许TQPP在10年的过渡期内向DC型养老基金转变。

　　④雇员养老金基金制度(EPF)。EPF制度是以大企业员工(员工人数超过500)为对象,于1966年开始实施的企业年金制度。其目的是在政府提供的收入相关养老金(EPI)之外,让退休工人享受由公司提供的收入相关受益。其法律根据是1965年10月1日出台的《雇员年金保险法》。它由于代管一部分雇员养老金基金(EPI)而在税制上享受较多优惠。2002年4月《确定缴费养老金法案》生效后,政府允许EPF在2年半的过渡期内向确定缴费制(DC)型养老基金转变。只要EPF能够提供EPI受益的130％,设立EPF计划的公司就可以从政府养老金计划(EPI)中解约,不向其缴费。

(三)看护保险制度

在日本,看护保险制度萌芽于 20 世纪 90 年代后期,归纳起来,日本看护保险制度的发展历程大致可分为 3 个时期:第一期是1997—2000 年的看护保险制度形成期;第二期是 2000—2005 年的看护保险制度推广实行期;第三期是 2005—2010 年看护保险制度修订完善期。

1.看护保险制度形成期

《看护保险法》出台之前的日本,高龄老年人口的社会看护主要由老年人福利院和老年人保健医疗服务机构两个部门来承担。然而,在实施过程中两个部门都出现了不同的问题。为了应对人口高龄化、家庭小型化下带来的老年人看护需求问题,日本政府在将上述两个部门的管理体系、制度和方法进行整编的基础上,于 1997 年 12月 17 日颁布了第 123 号现行法——《看护保险法》——以全体国民协力互助为理念,明确了给付与负担的关系,以社会保险方式向高龄老年人口提供保健、医疗及福利护理的制度,该法于 2000 年 4 月 1日正式实施。《看护保险法》的诞生标志着日本传统的家庭养老方式迅速向社会化养老方式转变。

2.看护保险制度推广实行期

(1)保险机构。看护保险的保险运营机构是日本的二级行政区,即市(町、村)政府。考虑到有的市(町、村)人口稀少或服务设施不完善的问题,经过审批,毗邻的多个市(町、村)可联合起来组成一个保险机构。

(2)被保险人。看护保险的被保险人分为两大类:第一类称为第一号被保险人,是指 65 周岁以上的所有老年人;第二类称为第二号被保险人,是指 40 周岁至 64 岁之间已经加入了医疗保险的人。

(3)保险费。看护保险制度的财源一半由保险费负担,另一半由

中央和地方政府来筹措。其中中央财政承担 25％,一级行政区,道
(府、县)承担 12.5％,二级行政区财政承担 12.5％。上述第一号被
保险人的保险费,由所居住的市(町、村)根据本地区内需要看护的老
年人数及看护服务机构的费用计算征收,因此,日本全国各市(町、
村)征收的保险费也大相径庭。但是,针对低收入阶层特别制定了减
免政策。第二号被保险人的保险费是在他们交纳的医疗保险费基础
上按一定的比例追加征收。

(4)保险给付。一是保险给付资格的申请、审查及认定。被保险
人如有需要看护服务要求时,首先必须向主管看护保险的部门提出
申请。其次,主管看护保险的部门接受被保险人的申请后,一方面由
医师审查并提出意见书,另一方面则由看护保险负责人员进行,即所
谓的认定调查。最后,医师的意见书和负责人员的认定调查报告汇
总整理后由医师、护理人员和社会福利人员共同审查确认被保险人
看护护理的资格。二是给付对象,依照老年人的需求,看护保险的给
付对象分为需要看护者和需要支援者两大类型,而服务的内容大致
分为居家服务和入住看护设施接受服务两大类。"需要看护者"指的
是因卧床、老年痴呆等需提供沐浴、日常的排便、喂饭服务的老年人,
并据其病情的轻重状态又将之划分为 1 级(轻度)到 5 级(重度)5 个
层次。"需要支援者"指的是需要在日常的家务劳动、起居等方面提
供支援的老年人。

3.看护保险制度修订完善期

1997 年颁布的《看护保险法》的附则规定,以实施每 5 年为一个
阶段对该法进行一次改革修订。因此,2005 年日本政府开始修订
2000 年实施的《看护保险法》。2005 年 6 月 16 日,修订后的《看护保
险法修订法案》在日本国会参议院劳动委员会上获得了通过。2005
年改革修订后的看护保险制度与修订前的相比得到了较大的完善和
提高。比如,将"看护预防体系"导入看护保险制度。看护保险制度
导入以来,申请看护的老年人数的快速增加导致财政负担日益严重。

2005 年 6 月,政府开始在各地区新设立"地区总括支援中心",专门指导各地区的看护预防工作,指导老年人如何预防如老年性痴呆、帕金森综合征等在内的老年性疾病的发病,以此减轻将来居家及入住看护设施接受护理的老年人数。

旭川庄的"小组之家"敬老院就是在 2000 年借助看护保险制度而创建的,以居家形式管理,是日本较先进的家庭化、个性化敬老院。该敬老院是一幢四层正方形楼房,二至四楼每层楼为四家(南面、北面各两家),每家八间房间,每间房间内设一张床、一个衣柜、一个水池,水池可调节高低,另有一个客厅及厨房、餐厅,三个厕所,厕所可以升降,有扶手,两家之间有一个大浴室和一个小浴室。四家之间有一大的活动区域,可供同一层楼的老年人一起娱乐(看电影等)。一楼有七间房间,供一些短期居住的老年人使用,另有一个大的康复室。

管理敬老院有工作人员共 117 名,除管理人员外,每个"小组之家"配备 3—4 名工作人员,其中看护护士 2 名,白天一家 3 名工作人员,每晚 1 名值夜班。"小组之家"收纳有 110 位老年人(除外日托老年人),每家 8 位,每位拥有一个单间,允许老年人摆放自己喜欢的家具。每天由看护护士照顾他们的日常生活。

在"小组之家"每位老年人一间房间可确保个人的隐私以及保持个人生活习惯,不影响他人。家属可随时来看望,带来老年人喜欢的物品。在"小组之家"工作人员一周至少为老年人沐浴 2 次。每日正餐由食堂配送,点心由工作人员做老年人喜爱吃的,也可随时为老年人提供特别食品。"小组之家"租金为每人每月 14 万日元,而通过看护保险个人只承担其中的 10%。

第四章　为者常成,行者常至
——操作篇

一、我国现行的养老模式

随着老年人口的快速增长,我国 2005 年就进入了老龄化国家,这引发了一个人人关注的问题,那就是该怎么养老? 面对众多的养老问题,专家进行了各式各样的研究,总结出了许许多多养老模式,这些养老模式可以让面临养老困境的人们根据自身的情况和需求进行选择。如下图所列的四种就是比较受人们关注的养老模式。

居家式社区照料

居家养老(子女尽孝)

旅行养老

以房养老

1. 居家养老

居家养老是指老年人按照我国民族生活习惯,选择居住在家庭中,而不是在养老机构内安度晚年生活的传统养老方式。

适合人群:由于受传统文化的影响,更多的中国老年人还是选择在家颐养天年,特别是高龄老年人和对到养老院与护理院养老存在着一定顾虑的老年人。

2. 居家式社区养老

老年人在家庭居住与社会化上门服务相结合的一种新型养老模式。这种模式可以确保老年人及其子女、养老服务人员、政府各取所需,促使资源得到充分利用。社区居家养老弥补了家庭养老的不足,是目前政府大力倡导的一种新型养老模式。

适合人群:子女工作太忙照顾不到,又不想离开家的空巢老年人。

3. 机构养老

包括养老院、养老公寓等多种形式。喜欢过群体生活的老年人,或是孤寡老年人居住于养老院,或组建大型的老年社区,组织大量的老年人自愿前来入住,社区为老年人提供所需要的各方面专门化服务。机构养老将是未来养老的一大主体方式。

适合人群:喜欢热闹的单身老年人或孤寡老人。

4. 以房养老

老年人将自己的产权房抵押或者出租出去,定期取得一定数额的养老金或者接受老年公寓服务的一种养老方式。通过一定的金融机制或非金融机制,将住房蕴含的价值尤其是自己身故后住房仍然会保留的巨大价值,在自己生前变现、套现用来养老。以房养老目前已经受到社会的极大关注。

适合人群:对于手头有房而无子女或者不需要将房产留给子女的老年人。

5. 乡村养老

乡村的空气新鲜,生态环境优越,生活成本低廉,吸引了众多的退休老年人前来养老。有的城市老年人的家乡本来就在农村,退休后叶落归根;有的老年人是收入低,居住城市感觉生活成本昂贵,故希望在农村养老,可生活得轻松些;有的老年人喜欢贴近大自然,终日种草养花、爬山嬉水,他们觉得整日与大自然做伴也是人生一大乐趣,所以催生出乡村养老这一养老模式。

适合人群:"树挪死,人挪活",这是人们耳熟能详的口头禅。一些老年人虽入晚年,但生命的韧度不减,常想换个地方换个活法。无疑,乡村养老的多种新型模式,对这样的老年人很适宜。

5. 异地养老

鉴于不同地域的房价、生活成本和生态环境的巨大差异,从那些生活成本高,而居住环境恶劣的大城市移出,迁移到生态环境优越、生活成本较低的城镇养老居住。

适合人群:经济条件不太好但喜欢旅游的老年人,这样就旅游养老两不误。

6. 售房入院养老

老年人将自己的住房对外出售,用这笔钱财居住到较好的养老院养老,既可以节约社会资源,又使得养老生活增添许多的乐趣。用部分售房款购买养老寿险,可以保障自己晚年的生活无忧。

适合人群:有房产又不愿与子女同住,喜欢热闹的老年人。

7. 售后回租

人们将已具有完全产权的住房先行出售,再通过"售后回租"的方法达到以房养老的目标。这样既可以获取一大笔款项用于养老生活,又能保证晚年对住房甚至是原有住房的长期乃至终生的使用权,照常有房可居,对老年人的更好养老增添了保险系数。

适合人群:不愿意离开家、投资比较谨慎的老年人。

8. 租房入院养老

人们将具有完全产权的住房先行出租,再通过另租房居住或入住养老公寓、养老院的方法达到以房养老的目标。既保障晚年照常有房可居,并获取持续稳定的租金收入用于养老生活,又能保证在自己身故后原有住房仍能照常留给子女,符合国人遗产继承的传统。

适合人群:有一套以上住房或住房面积较大的老年人。

9. 合居养老

一些老年人可以商议将自己的住房出售,将钱财合并,对养老问题做一个特殊组合,在较好的地段合资购买面积较大、功能较好的住宅,大家居住一起,合作购房,日常生活共同开销,结成一个养老的生活共同体搭伴养老。这样,养老生活成本会大幅降低,又消除了寂寞空虚感。

适合人群:若干志同道合且收入较低、住房环境较差的老年人。

10. 集中养老

浙江的农村,以乡镇为单位建立养老机构,将村庄的"三无"老年人适度集中在一起居住养老,由政府来埋单。此举解决了农村老年人的众多问题,受到了好评。

适合人群:农村"无儿女、无固定收入、无人赡养"的老年人。

11. 招租托老

老年人在家中招徕年轻的大学生做房客,一扫往日的沉闷暮气,身边既多了人照顾,又有一笔可观的房租作为生活费补充。对年轻大学生而言,也有助于他们解决住房和情感归宿问题,同时,城市的住房资源也得到较好利用,极大地缓解了住房的紧张局面,可谓是一举三得。

适合人群:城市中的孤寡老年人。

二、我国的养老模式创新及成功经验

(一)宁波的"海曙模式"

海曙区是宁波的中心城区,2006 年户籍人口 31.36 万人,其中老年人 53657 人,占总人口 17.1%。老年人对社会养老设施和服务的需求迅速上升,机构养老方式已远不能满足需求。同时,随着家庭结构分化和工作结构变化,空巢家庭日益增多,家庭养老功能日益弱化,2006 年海曙区的空巢老年人达 25755 人,占老年人总数的 48%。探索一种新的养老方式成为了紧迫课题。

宁波市海曙区人民政府于 2004 年 3 月出台政策,试行为高龄、独居的困难老年人购买居家养老服务。2004 年 9 月开始,这一政策在全区 65 个社区中全面推行。主要内容是,由海曙区政府出资,向非营利性组织——星光敬老协会购买居家养老服务,社区落实居家养老服务员,每天上门为辖区内的 600 余名老年人服务。服务员的主要来源是社区中的就业困难人员,服务内容包括生活照料、医疗康复、精神慰藉等。与此同时,招募义工为老年人服务。服务方式包括"走进去、走出来"。"走进去"指服务人员走进老年人住所为其提供服务。"走出来"指让老年人走进具有各种服务功能的街道社区"日托中心"和各种老年民间组织。为了满足 24 小时托老护理需求,海曙区在 2006 年还成立了居家养老照护院。

政府购买居家养老服务实行"政府扶持、非营利性组织运作、社会参与"的运作机制。区政府将购买服务的开支列入年度财政预算;星光敬老协会负责项目运作,承担审定服务对象、确定服务内容、培训服务人员、检查和监督服务质量等工作。"社会参与"指整合和利用社会资源,积极推行个人购买服务、企业认购服务以及社会认养服务等;同时积极开展社会动员,2007 年还成立了居家养老义工招募服务中心,扩大和完善义工队伍。通过这项制度创新,海曙区政府每年只需支出一两百万元,就能履行传统机构养老需要支出三四千万元才能履行的职能,同时丰富了养老服务的形式,改善了养老服务的质量。

政府购买居家养老服务解决的主要问题有以下几点

1.满足了老年人多方面的养老需求

政府购买服务满足了高龄、独居的困难老年人的需求;义工上门服务满足了大量独居、困难老年人的需求;企业和个人认购服务解决了上述老年人 1 小时服务时间不够的问题;个人购买服务满足了有购买能力的老年人的需求;日托中心和老年民间组织满足了大部分行动方便老年人的需求;"81890"求助热线和"一键通"电话机解决了独居老年人的紧急救助问题;居家养老照护院解决了少数老年人临时全天候护理需求的问题。

2.减轻了政府的财政负担

据统计,建设一个具有基本养老保障功能的养老机构,每张床位的初期固定投入最少为 5 万元,以后每张床位每年还需补贴 3000元。购买居家养老服务,政府只需支付每人每年 2000 元(2007 年起增至每人每年 2400 元)。

3.为社区中的就业困难人员提供了岗位

通过一个弱势群体为另一个弱势群体提供服务,解决了两个群体的福利问题。

4.总结提出了"走进去、走出来"的新型服务模式

通过"走进去、走出来",使"居家养老"中的"家"由传统的小家扩展到社区大家庭,形成了一个政府、中介组织、社区和家庭联动的新型社会化养老服务体系。

5.通过义工招募,扩大了这一政策的社会参与度

通过义工招募,把蕴藏在社会中巨大的养老年人力资源挖掘出来,更好地满足了老年人的个性化需求。同时,一支基数较大、相对稳定的义工队伍的存在,大大增加了这一政策的受惠人群。

通过实施这项举措,宁波海曙区领导的老年人真真实实得到了实惠。

1.老年人的多样化需求得到满足,生活质量得到提高

通过居家养老服务员和义工"走进去"上门服务,提高了老年人的基本生活质量;通过各年龄段老年人"走出来",走进街道社区日托所和各类老年组织,丰富了他们的精神生活。广大低龄老年人担任义工提供居家养老服务,通过"服务今天,享受明天"的义工银行制度,既丰富了今天的精神生活,又提高了明天的养老保障。

2.政府养老成本显著下降

从较长时期来看,居家养老的投入成本仅为传统机构养老的1/4。同时,这一政策的实行又提高了政府的公信力,增强了政府的社会管理和公共服务能力。

3.政府低成本、亲情化的服务激发了养老的社会需求

通过个人购买服务、企业认购服务、社会认养服务的积极推行,大大拓展了养老市场。

4.非营利组织得到了扶持和发展

通过这一政策,星光敬老协会得到了长足发展,社会公信度也日益提升。社区内各种老年民间组织显著地发挥了作用。

5.社区服务功能得到改善,困难群体就业得到改善

社区有了一个强化服务能力的平台,服务的空间更大,能力更强了。社区中的就业困难群体通过进入门槛较低的劳动提高了自身的福利。

6.公民的参与热情得到了激发

社会敬老、爱老的传统美德得到了弘扬,互助互爱、关心他人、乐于奉献的社会风尚得到了传播。

海曙区政府购买居家养老服务的模式对地方财政和社会条件的要求都不高,容易在全国范围内被复制和推广。在 2005 年 11 月 3 日于北京召开的社区服务交流大会上,海曙区荣获唯一的"全国社区

养老服务示范区"称号。海曙区领导多次在全国居家养老服务经验交流会上发言。目前,海曙区的社会化居家养老模式正在宁波全市推广,已有香港、青岛、无锡、克拉玛依等 10 多个城市前来考察学习。

(二)大连实行的先进养老模式

大连市现有 60 岁以上老年人 84 万,占全市人口的 14.96%,是辽宁省最早进入老龄化社会的城市,比全国早 13 年。在城市老龄化进程加快的新形势下,大连市不断创新工作思路,制定社会福利社会化发展政策,鼓励和引导社会各方面力量积极参与、共同发展养老事业,全市基本形成了以公办社会养老机构为示范,其他多种所有制形式的社会养老机构为骨干、社区老年福利服务为依托、居家养老服务为基础、养老服务中介组织为补充的养老服务社会化体系,初步走出了一条适应人口老龄化发展趋势、符合大连市情、满足多种养老需求的养老事业社会化、产业化道路。

1.居家养老模式

大连市的居家养老模式发展的典范是沙河口区,其雏形是在 2002 年 7 月由中山公园街道首创的。当时的中山公园街道有 13 户 17 位 80 岁以上的孤寡老年人和 165 位空巢老年人,他们身边没有子女,日常生活得不到及时照料,生活艰辛的程度可想而知。同时街道辖区内有大龄失业女工近 300 人,她们大多数是上有双亲老年人需要供养,下有子女需要抚养,生活困难,急需找一份能够谋生的工作。能否将这两个难题合而解决呢? 对此,中山公园街道进行了积极的探索,他们先将一部分大龄失业女工组织起来,请来专业人员对她们进行培训,然后,以养护员的身份到老年人家中提供服务,养护员的报酬由街道和地区慈善会每月给予补贴。这种做法巧妙地将两个弱势群体的利益点结合起来,既解决了老年人的生活照料问题,又解决了失业女工的再就业问题,可谓一举两得,开创出了一条不设围墙的家庭养老模式。

这种创新立即引起了区政府高度重视。2003年沙河口区的居家养老院获得了区长特别奖，以此为契机，沙河口区对全区的老年人和享受"低保"的失业职工资源进行了全面的调查摸底。针对上述两个特殊群体的调查情况，区政府决定，以兴办居家养老为载体发展辖区的养老事业。

为此区政府采取了系列措施。(1)财政每年拨出120万元专款，购买公益岗位，专门用于居家养老养护员的补贴；(2)出台居家养老补贴政策，根据老年人的家庭收入及身体状况，制定三类补贴标准，对符合不同补贴标准的老年人，每户每月分别给予300元、200元、100元不等的财政补贴；(3)政府出资对养护员进行专业培训，合格后才能上岗；(4)建立体系，规范管理，区政府对各街道的居家养老服务中心一次性拨款15万元作为启动资金。

由于居家养老费用低、服务周到、家庭氛围浓、适合老年人生活习惯、符合中国国情，故受到不同阶层老年人的普遍欢迎。

2.货币化养老服务模式

所谓"货币化养老"，就是政府出钱购买养老服务。为进一步拓宽养老服务渠道，探索形式多样的养老服务模式，大连在2005年出台了《大连市特困老年人货币化养老服务补贴实施意见》。

(1)补贴对象。具有大连城市户口，70周岁以上(含70周岁)分散供养的"三无"老年人、享受城市居民最低生活保障的特困老年人以及60-69周岁失去自理能力的孤寡、残疾老年人可以申请货币化养老补贴。

(2)补贴形式及标准。货币化养老服务补贴分为"居家养老服务补贴"和"机构养老服务补贴"两种。

①居家养老服务补贴。指将补贴金额以"代币券"的方式发放给补贴对象，补贴对象根据生活需要到所在社区老年服务中心购买服务，社区老年服务中心根据补贴对象的需求配备经过培训的服务人

员,并上门为补贴对象服务。居家养老服务补贴标准为:能自理的,每人每月可补贴 80－150 元;介助(半自理)的,每人每月可补贴150－250元;介护(不能自理)的,每人每月可补贴 250－300 元。

②机构养老服务补贴。指补贴对象可以选择全市范围内的各种养老院,老年人把养老金(低保金、房屋出租金等)交给养老院作为养老费用,养老费用差额,一部分由政府给予补贴,一部分由养老院予以减免。机构养老服务补贴标准为:能自理的,每人每月可补贴 150元以上;介助(半自理)的,每人每月补贴 200 元以上;介护(不能自理)的,每人每月补贴 300 元以上。

3.信息化养老

所谓的信息化养老就是将信息化手段融入养老服务体系中,提高养老服务效率。将社会福利机构、街道社会化养老服务中心、社区日间老年康乐苑、互动式异地养老服务中心、社区卫生服务中心、"养老 110"呼叫平台、社区老年人"呼救通"系统、空巢老年人家用"爱心门铃"等组成一个养老服务网,24 小时为老年人提供服务。通过整合养老服务资源,拓展养老服务内容,完善养老服务功能,构建全方位、全天候、立体式的养老服务体系。目前这种模式在全国很多城市被大力推行,例如北京、杭州等。

(三)上海的养老模式

早在 1979 年,上海比全国提前 20 年进入老龄化社会。最新统计表明,上海老龄化程度再次提速,并呈"高龄化"特征,每五个人中就有一位 60 岁及以上的老年人,增速远超往年。纯老家庭数量大幅上升,全市已达 78.72 万人,其中单身独居老年人 17.24 万人。老年人口的增多,给了城市巨大的压力。对于这些满头银发、步履蹒跚的老年人,一个难题是:晚年生活怎么过? 更有一些老年人,孤寂地独守家中,病了、发生意外了,都无法得到及时照料。

　　上海在早期曾试图借鉴欧美国家模式,推行机构养老,但经过多年调查发现,90％的老年人更愿意居家自我照料,他们或者眷恋长期居住的环境和邻居,又或担心被议论子女不孝,所以并不愿意到机构去养老。

　　因此一个名叫"9073"的养老格局在上海渐渐浮出水面。按此规划,上海将使90％的老年人实现家庭自我照顾,7％享受社区居家养老服务,3％享受机构养老服务。这"7"与"3"中,大多数或是高龄、独居,或是经济收入低的老年人,是老年人中的弱势群体。当然,这一居家养老模式与传统的不同,是以家庭为基点、社区为依托、专业机构服务为支撑来为老年人提供生活照料和精神慰藉。同时,上海把"居家养老服务"与同期启动的"万人就业项目"计划结合,帮助"4050"人员重新就业。

【上海的养老政策】

　　(1)《上海市民政局、上海市劳动和社会保障局、上海市财政局关于本市实施社区助老服务项目的试行办法》

　　(2)《上海市人民政府办公厅转发市民政局等六部门关于全面落实2005年市政府养老服务实事项目,进一步推进本市养老服务工作意见的通知》

　　(3)《上海市民政局、上海市发展和改革委员会、上海市建设和交通委员会、上海市财政局、上海市劳动和社会保障局、上海市卫生局、上海市医疗保险局关于进一步促进本市养老服务事业发展的意见》

　　(4)《上海市民政局、上海市发展和改革委员会、上海市财政局、上海市劳动和社会保障局关于全面落实2008年市政府养老服务实事项目,进一步推进本市养老服务工作的意见》

1. 上海版的"居家养老模式"

现实中，为保证好政策在执行过程中不走样，制度设计很重要。制度的背后是理念，而上海的养老理念是——政府要确保财政补贴，用于那些最需要政府帮助的老年人群身上。

上海养老政策的实施按照"因类而异"原则：(1)对三无、五保老年人、优抚对象和有特殊贡献的老年人，由政府购买服务；(2)对低保老年人、高龄老年人、生活困难老年人，由政府补贴服务费用；(3)对身体健康、有经济支付能力的，则实行优惠抵偿的市场化服务。

从 2009 年 7 月 1 日开始，上海市居家养老服务补贴标准将进一步提高。居家养老服务补贴由人均每月 200 元提高到人均每月 300元。经济支付困难，经身体状况评估照料等级达到中重度的老年人，还将获得每月 100 元至 200 元的养老服务专项护理补贴。这意味着，沪上老年人最高每月可享受 500 元养老服务补贴。

目前上海开展的居家养老服务包括日托、上门家政、为老年人送餐、助医送药、助浴、精神慰藉等多个项目，而今后凡是符合政府补贴标准的老年人，将按照生理状况的不同，领取 3 个级别的补贴。

在上海，所有老年人都将经过养老服务评估[①]，评估等级为"正常"或"轻度""中度""重度"三个照料等级，根据评估等级来确定提供何种养老服务。相关人员还会对已享有服务补贴的老年人定期(1—2 年)或不定期(因政策调整或当老年人身体状况发生重大变化时)进行评估。一旦"中度"或"重度"照料等级的老年人接受机构养老服务时，服务补贴可以带入区县民政部门指定的养老机构。

---

① 不同的服务等级，对应的分别是高限为 300 元/月、400 元/月、500 元/月的服务补贴。这也意味着，评估的规范、科学、公平，直接关系到老年人的福利问题，这也可能是最能引发矛盾的一环。为此，上海花了一年半时间，借鉴了国外、香港的评估标准，结合上海的实际情况，于 2005 年制定了一份详细的"养老服务需要评估标准"。

与此同时,养老服务补贴受益面将进一步扩大。以往的养老服务补贴主要针对的是 60 周岁及以上低保、低收入且需要生活照料的上海户籍老年人。从 2010 年开始,80 周岁及以上、独居或纯老家庭的上海户籍城镇老年人,本人月养老金低于全市城镇企业月平均养老金的,经评估需要生活照料者,也可以按养老服务补贴和养老服务专项护理补贴标准的 50% 获得补贴。

【实践案例 1】

经过评估,罗秀琳阿婆享受的政府埋单的服务等级为"中",每个月可获得相当于 150 元的政府助老服务。小朱就是由政府"派"来服务的助老员。她要负责 40 多位像罗阿婆这样的老人。每天的工作,便是走家串户,根据不同需求,或是洗衣做饭,或是陪医助浴,或是代购东西。有时候,就是跟老人聊聊天。每个月末,由老人反馈其工作成绩,然后由街道居家养老服务中心结算工资。

【实践案例 2】

康健小区的配膳服务中心原属上海第一福利院,后来街道与其联手,投资百万元,根据老年人的饮食特点、口味及生活条件,推出中午 4 元、晚上 3.8 元,包括一荤一素一汤及米饭的套餐,并招聘 3 名助老服务员,购买送饭车,为老人上门送餐。现在已承担每日送餐上门 100 余份、堂吃的老人十几位的规模,统一采购、烧制,大大降低成本,这样既让老人们享受到实惠,也使政府有限的投入实现效益最大化。

2.上海版的异地养老

相比于传统的居家养老、敬老院养老和具有现代意味的老年公寓养老,去深山老林租房养老或许可谓是后现代养老了。"未富先老"使我们的城市面临急剧老龄化的一系列挑战。许多城市开始了多样化养老方式的探索。近年来,环沪"养老房产带"亦逐渐成形。市场与政府不约而同地走向了"异地养老"的探索方向。

异地养老模式在国外发展较为成熟,20 世纪末,日本在老龄化加速出现之际,也曾制定过"异地养老"方略,即在国土辽阔的巴西以及距离较近的泰国、新加坡建造日本社区,在那里配备适应日本人日常生活的各种设施,然后安排老年人迁到那些国家养老。但这一措施因社会舆论的压力而没有得到推广。此外,英国也有不少老年人把自己的养老地点选择到西班牙、南非这样的国家。

但在国内,异地养老还是一个新生事物。上海浦东进行异地养老调研的初衷是,现在 60 多岁的这批老年人经历了新中国所有的困难,理应让他们在老年享受到改革开放的成果。

【异地养老的现实例证】

2010 年 2 月,30 岁的上海人赵欢,携妻带子踏上了开往江苏的动车组,这是他第一次加入春运队伍,目的地是常州溧阳。半年前,他年逾六旬的父母搬家到那里,开始了异地养老的生活。随着生活水平的提高,去亲近自然、交通便捷的上海周边区域养老成为越来越多上海老年人的选择。

赵欢的父亲赵德发曾是上海无线电十八厂的员工,祖籍江苏溧阳,在当地还有一些亲戚。一家三口住在愚园路一套两室房的小房子里。等到赵欢结婚生子一切安定之后,老两口开始考虑改善自己的生活,这时,赵德发发现,自己的积蓄在上海买一套宽敞住房很吃力,于是他把目光投向了熟悉的溧阳。当地近年来发展不错,特别是有天目湖这样的环境优势,再加上一批关系良好的亲戚,赵德发觉得溧阳也是个不错的养老城市。

2007年,他考察了当地的房市,看中了一个在建楼盘。当时的房价为每平方米4000多元。2008年6月,赵德发两口子搬了过去。老两口2000多元的退休金到了溧阳用起来绰绰有余,再把愚园路的房子租了出去,每个月还能有3000多元的租金收入。搬到溧阳之后,赵德发两口子每天都过得很规律。他每天都会约上几个人一同外出散步、下棋,有时候还一同到天目湖边上走走,呼吸新鲜空气。

【案例评述】尽管上海等大城市的"异地养老"依然是一种无奈的选择,不过,异地低廉的房价,对于经济不太富裕的老年人来说,还是有着强烈的吸引力。这种选择可以比较轻松地解决自己甚至子女最基本的安居问题。而小城市或者乡村的低廉生活成本,可以让都市的退休老年人花不多的钱而过上相对优裕的生活。不少人认为,没有污染、亲近自然、交通亦相对便捷的长三角地区二、三线城市成为上海老年人异地养老的首选。

(1)异地养老的配套服务。安吉,浙江有名的竹乡,黄浦江的源头。近年来浙西很多旅游景点大力发展农家乐经济,据安吉县旅游局的统计数据显示,安吉450万的旅游人次中,70%都是上海人,而在上海市浦东新区民政局组织的千名老年人异地养老试住测评工作中意外发现了上海异地养老的市场潜力,因此安吉很期望能在上海人心目中打造出一个"异地养老"的品牌。

①入住的环境标准——山清水秀,水源质量高,附近没有工厂。

②异地养老的价格——90%的老年人觉得包吃住,一个月1000元至1200元的价格能够接受,基本支出水平在35元/天左右,而当地的价格预算在1600—1800元/月,差距较大。

③异地养老的医疗与娱乐——在每个村落应设置卫生所,老年人入住人数较多的村落应配备专业医生,该村落离大型医疗机构的交通应该较为便利;利用当地的旅游优势或农业优势经济开展对老

年人身心有益的娱乐项目,例如在安吉老年人对参加当地农活、竹制品厂的生产很感兴趣,可组织老年人参与简单的农活,参观或亲身参与竹制品的制作。

④异地养老住房的设计——每个房间应该设置呼叫铃,有单独的卫生间,在室内安装扶手。

(2)异地养老的可行性。目前上海的养老床位相对紧张。截至2008年末,上海全市共有养老床位8.06万张。床位数只占全市户籍老年人口的2.8%。在上海市区,养老床位已经"一床难求",一些土地紧缺的区不得不把每年的养老床位指标转移至郊区。而且由于上海的物价和人工成本都比较高,一些退休工资不高的老年人也未必承担得起进养老机构的费用。但异地养老模式可以有效解决上海的养老床位不足问题,较低的人工成本和物价水平也可以使一些退休工资不高的上海老年人不必为入住养老院的费用发愁。而且,异地兴建或是选择养老院,还能避开大城市的喧嚣,选择一些山清水秀、空气清新的地方安度晚年,对于入住老年人的身体健康也有好处。

而在外地建立一个养老新社区的构想恐怕有点脱离现实。毕竟新建社区没有五到十年,很难成为成熟社区。人气不足又会直接影响到商业配套。而退休老年人们又对生活的便利性极为看重。如果肯来此地养老的老年人不多,无论该项目是按商业模式还是按福利模式操作,恐怕都难逃最后亏损的命运。因此建议相关部门可以考虑通过收购相对集中区域的二手房进行异地家庭养老试点,采用租、售两种模式,甚至可以考虑通过为上海老年人提供换房补差价的服务(用上海的房子换异地居住地的房子)。参加该计划的上海老年人每月只要交一部分费用就可以享受到养老院的各项服务(如提供饭菜、维修服务、医疗保健、家政保洁等)。这样,既可以节省新建养老社区的巨大投入,也容易吸引上海退休老年人参与。

为了解决异地就医问题,长三角地区一些城市也进行了有益的探索。如浙江省嘉兴市社会保障事务局就为居住在嘉兴的上海市民开设了上海医疗保险报销代办服务。上海还先后与嘉兴、安吉、杭州、湖州等地医保部门签订协议,常住这四地的上海市民只需在上海办理异地转移手续,在当地任何一家医保定点医疗机构就医,都可以根据上海的医保政策待遇在当地医保部门结算报销。但异地医保联动的探索目前仍处于起步阶段,只能在人员来往比较密切、异地参保人数达到一定规模的地方试点推行。很多居住在江苏、浙江或是其他省市的上海老年人仍然无法享受到这一便利。

如今,随着新医改方案的推出,异地就医结算机制与异地安置的退休人员就地就医、就地结算办法等应该会逐步细化落实,这点为解决老年人异地养老从制度上提供了保证。但是,问题不是一个制度的出台就能迎刃而解的,这其中的落实仍需要长三角相关医保部门的联动和紧密合作,协商解决,并将眼光放得更长远点。长三角异地就医结算机制的形成,不仅能给上海老年人提供方便,对于一些居住在上海的外地老年人来说,也是件好事。毕竟,随着上海老龄化问题日趋严重,异地养老谁说不会成为上海老年人的又一个理性选择呢?

三、"饱受争议"的养老模式

【新闻链接】

浙江省政府正在研究"以房养老",打算在政策层面推进。作为浙江省老龄委副主任,施利民日前在该省"老年人口基本状况暨人口老龄化对策新闻发布会"上透露,该省正研究编制《浙江省老龄事业发展"十二五"规划》,加快推进社会养老服务体系建设,"'以房养老'在政策、法律方面应该没有太大障碍,准备向全省推开"。

2008年6月起,杭州上城区湖滨街道已开始尝试"以房养老",有4种方案:租房增收养老,售房预支养老,退房补贴养老;换房差价养老。目前已有8位老人签订协议,基本都选择"租房增收养老"。该街道负责人说,当地有40余位"三无老人",不少人日常生活困难,但基本有房。

"以房养老"也被称为"住房反向抵押贷款"或者"倒按揭",是指老年人将自己的产权房抵押或者出租出去,以定期取得一定数额养老金或者接受老年公寓服务的一种养老方式。

(一)以房养老的表现形式

(1)子女养老,房产由子女继承;

(2)抚养人养老,房产由抚养人继承;

(3)租出大房再租入小房,用房租差价款养老;

(4)将房子出租出售,自己住老年公寓,用租金或售房款养老;

(5)售出大房,换购小房,用差价款养老;

(6)将住房出售,再租回原住房,用该笔款项交纳房租和养老;

(7)将房屋抵押给有资质的银行、保险公司等机构,每个月从该机构取得贷款作为养老金,老年人继续在原房屋居住,去世后则用该住房归还贷款。

以上第一、二种形式属于家庭养老,取决于子女的孝心和孝行;中间的几种形式属于自助性养老,有较高的交易成本和不确定性(自己售房和出租房等均有较大的交易成本,自己再租回房子或者住老年公寓等也有较大不确定性);最后一种形式为社会机构承揽的反向抵押贷款养老,属于社会机构提供的以房养老业务,可以为适合以房养老的人群提供更为便捷的服务。

(二)以房养老应具备的条件

1. 自有住房并拥有完全产权

养老家庭必须对其居住的房屋拥有完全的产权,才有权对该房屋做出售、出租或转让的处置。

2. 独立住房

在以房养老模式中,只有老年父母与子女分开居住,该模式才有可能得以运作,否则,老年人亡故后,子女便无处可居。

3. 经济状况适中

当老年人的经济物质基础甚为雄厚时,就不会也不必考虑用房产养老;而当老年人的经济物质条件较差,或者没有自己独立的房屋,或者房屋的价值过低时,也很难指望将其作为自己养老的资本。

4. 地处城市或城郊

老年人身居城市或城郊,尤其是欣欣向荣、经济快速增长的城市或城郊,住房的价值很高,且在不断增值之中,住房的变现转让也较为容易,适合房屋反向抵押贷款养老。但如果住房地处农村,或经济发展缓慢、增值幅度不大的不发达地区,因住房价值低、不易变现等,将很难适用这一模式。需要强调的是,房屋反向抵押贷款养老方式尤其适合有独立产权房的、没有直接继承人的、中低收入水平的城市老年人。

(三)以房养老模式面临的问题

1. 观念障碍——但存方寸地,留于子孙耕

中国人的传统是"但存方寸地,留于子孙耕"。老年人将自己的房产抵押出去而无法留给子女,这样的现实,国人恐怕一下子难以接

受。在当前经济还不怎么发达、贫富差距还比较大的情况下,许多老百姓辛苦一辈子也难以攒下一套房子,到老了,却又不得不将房子抵押给银行,以贷款养老,这怎么都让人感觉银行似乎在"抢钱"。有评论者指出,以房养老折射出的是中低收入群体深深的无奈。

2.法制环境——评估不规范,公正难保证

以房养老需要透明、公正的法制环境。以房养老牵涉到房地产业、金融业、保险、社会保障等相关政府部门,对这些领域的运作质量要求相当高。如何保证这些行业和部门公平、公正地经营、管理和执法,在当前法制不健全的条件下是个极大的挑战。就拿房地产评估来说,由于起步较晚,中国房地产评估机构还极不规范,不但整体素质偏低,而且市场存在恶性竞争,有争议的评估结果较多,对于弱势群体来说,发生问题很难得到及时、公正、合理的处理。

3.产权问题——70年是大限,之后怎么办

有网友指出,在中国买房子,不像在美国,买过来的房子就是私有财产,永远都神圣不可侵犯了。基于目前的地权制度,我们对住宅的使用权只有70年。根据《房地产管理法》,土地使用权的续期必须重新批准,重新缴纳土地出让金,否则土地使用权及其附着的建筑物,都将被政府无偿收回。也就是说,我们无法"买断"任何一间房屋。在这种情况下,怎么去大面积地推广住房反抵押贷款?

4.购买力问题——房价飞涨,百姓难承受

以房养老的前提是大家手里有房子,可近年来房价非理性的上涨已经大大超出了百姓的承受能力。目前,中国城镇的人均年收入也不过是万把块钱,在城里买套能住的房子最少也要四五十万(郊区便宜点但还得配车,更不现实)。如果现在人到中年,即使不吃不喝到60岁也还不上贷款,60岁之后人养房都成问题,别说房养人了。

(四)各方观点

1. 丁克族欢迎

2010 年初,广州市政府提出以房养老模式,发布《关于大力推进广州保险业综合改革试验的意见》,称广州将推动建立延税型养老保险制度,探索发展住房反向抵押养老保险。一时间引起社会热议,年轻人比老年人更认同以房养老,而丁克一族更表示欢迎。

以"广州可以实行以房养老吗?"为题进行网络调查,由于上网者以年轻人居多,可视为对年轻人的调查。调查到结束共收到 966 票,其中反对者比赞成者多出近一成。调查数据显示,认为"以房养老"在广州由于条件尚未成熟,不可行的反对者占 54.76%;而认为可行、表示支持的赞成者占 45.24%。在国企工作的白领小张接受记者采访时表示,"60 岁前人养房,60 岁后房养人"挺好的,加上养老金,退休后可以游山玩水,生活更滋润。

2. 老年人反对

而在随机采访的 10 位老年人中,反对以房养老占了九成,大部分认为房子住了大半辈子,都有感情了,要留给子女。表示支持的是一位无子女的老太太,想留给子女也没法留。

3. 政策风向已趋明朗

议论归议论,国家政策方面对此的风向已渐趋明朗。早在 2006 年,全国政协委员、时任建设部科学技术司司长赖明就建议对此成立课题组进行调研,选择大城市做试点,等到运作成熟后向全国推广。2007 年的时候,上海公积金管理中心曾试推过一种叫做"住房自助养老"的创新型以房养老模式。与反向住房抵押贷款不同的是,上海模式从一开始就变更了房屋的产权人。其基本模式为:老年人将自有产权房屋出售给上海市公积金管理中心,并选择在有生之年仍居住在原房屋内,出售房屋所得款项在扣除房屋租金、保证金及相关交易费用后全部由老年人自由支配使用。

　　这些试运作有经验，也有教训，而在昨天的会议现场，民政部副部长窦玉沛指出，要积极引导企业开发老年食品、老年住宅、以房养老等服务市场。这可以看成国家在以房养老政策方面最新的表态。当然，以房养老目前只是一个框架性意向，国内金融机构均没有推出这项业务。

第五章　长风破浪会有时,直挂云帆济沧海
——展望篇

最美不过夕阳红,温馨又从容。

夕阳是晚开的花,夕阳是陈年的酒,

夕阳是迟到的爱,夕阳是未了的情,

多少情爱化作一片夕阳红。

尊老养老是中华民族的传统美德,其中,国家养老是我国尊老养老的主要内容。我国在很早之前就形成了较完备的社会保障和社会救济制度,资助有特殊困难的老者也是我国古代各个时期统治阶级实行"仁政"的表现。我国古代的社会救济分为四个阶段,每个阶段,统治者都制定了很多社会救济措施,其中老年人特别是鳏、寡、孤、独者成为重要救济对象。由于统治者的提倡和国家养老制度的积极推行,社会上形成了尊老养老的社会风尚。

随着近年"银发社会"的到来,尊老养老问题突显,如何让老年人安然养老,不仅仅是各级政府、有老年人的家庭需要考虑的问题,也是各行业,每个人都应该思考的难题,毕竟每个人都会有老的一天,只有为每个老年人真正创造出"老有所养、老有所医、老有所教、老有所学、老有所为、老有所乐"的环境,才能实现"温馨又从容"的美好晚年生活意境。

一、幸福晚年生活的现实个案

(一)城市篇

【幸福晚年个案 1】

回想起过去艰辛的岁月,倍感今日的幸福来之不易。如今,儿子已经成年,有了自己的事业和天地。衣食无忧的晚年有了充裕的时间来编织自己的生活。不是在家里种花、上网,就是在户外垂钓、摄影和散步,尽情地享受大自然的美与和谐。

独坐在水塘边垂钓,眼睛盯着浮漂的动静,心里想着收获后的快乐。其实,钓鱼人不见得都喜欢吃鱼,要的就这种鱼上钩前的期待和上钩后的的喜悦。醉翁之意不在酒。即使每次收获不大,丝毫也不会影响垂钓的兴趣。改日再来时,依然充满了新的希望与期待。

更多的时间是在浪漫的舞曲中度过的,快三、慢四,尽情展现自己的舞技,这个时侯,往往会忘记自己实际的年龄。

我不希望自己过早的显得老态龙钟。保持目前的体态而不再日渐臃肿,是眼下的当务之急。我相信"天道酬勤",苍天应该青睐勤奋的人们;我更相信"生命在于运动",只要我坚持锻炼,保持乐观向上的心态,长寿也许不是什么奢望。

我在努力中阔步前进,我在奋斗中品尝生活的惬意。

(引自:湖南知青网《幸福的晚年生活》)

【幸福晚年个案2】

　　钟姨今年55岁，刚从单位退休下来，除了做点家务就无所事事。到公园闲逛时见到一群群大叔大妈在跳扇子舞打太极拳，她也想加入其中，自觉较年轻的她又不太合群。后来，经人介绍进入一老年中心电脑学习班义务为老人教电脑，自此，她又找回了那充实的人生。

　　时下，刚离退休下来的中老年人，大多都有一定的文化基础，学习电脑根本不是什么问题，有的还是"电脑通"呢。许多中老年人退休在家，孩子也大了，时间比较充裕，不妨学习电脑知识与上网技巧，充实一下自己的精神生活。如：爱炒股的人在网上炒股，感受生活的精彩；爱旅游的人不能远足，可在网上旅游，感受身临其境般饱览风景的愉悦；老顽童们在网上玩游戏，感受返老还童的童真乐趣、打牌；有远亲的可以通过网上视频与远隔重洋的亲人对话聊天，就像面对面聊天一样亲切感人；假如你行走不方便，可以通过网上购物，随即会有人送货上门，足不出门就可以买到称心的东西；在网上尝试与年轻人沟通，减少代沟；通过电脑网络与社会保持近距离接触，更新观念，开阔视野，丰富晚年生活，等等。

　　　　　　　（引自：网易博客《做好精神养老，活出老年风采》）

【幸福晚年个案3】

　　在新浪网上开博客"织围脖"、"灌水"，常常和家人、朋友用QQ、MSN聊天，喜欢做视频，喜爱背上单反相机呼朋唤友去寻觅杭城最美的风光，偶尔还穿12厘米的高跟鞋在T型台上走一回秀……

以上生活潮吗?你会说,这没什么啊!年轻人的生活本来就是这么前卫这么潮的嘛!可是如果告诉你主人公是一位84岁的老太太呢?你会跟我一样大吃一惊,目瞪口呆吧。84岁的周玲就是这样一位摩登老太。

老奶奶兴趣多,爱好多,会的也多。以前她每星期要去一次民乐队,现在因为爱好太多,忙不过来,就退出了。她现在每周五参加省老年艺术团的排练,平时还参加模特表演队的训练。最近两三年开始学习摄影,每周三下午都去老年大学上摄影课。她的拍照工具是奥林巴斯E420,镜头14—42,最小的单反机。奶奶还会PS照片,"绘声绘影"等时下流行的视频软件也都不在话下。另外,上网也是奶奶的强项。QQ、MSN,聊天工具样样都有,但因为奶奶"没时间",所以只和认识的人聊天。

这样的奶奶让人敬佩,这样的生活让人向往。

(摘自:《都市快报》2009 年 7 月 4 日)

【幸福晚年个案4】

"候鸟"老人的幸福生活:南北流动的风景线

这是一群被喻为"候鸟"的中国老人。

每当北方的土地被冰雪覆盖,他们便成群结队"南下"越冬;当和煦的春风唤醒北国冬眠的草木,他们又兴高采烈地"北上"消夏。据估算,仅海南省三亚市,每年就有大约20万北方老人在那里越冬。他们选择异地养老,主要看重的是三亚冬天温暖的气候和良好的生态环境,这里非常适合度假养生,特别是一些患有心脑血管、风湿和哮喘等疾病的老人,都希望在这里改善病情。

随着"候鸟"老人的增多,各种服务也相应增加。黑龙江省广播电视部门与三亚相关单位制作全新频率"天涯之声",创办三亚电视台新闻综合频道,实现了广播电视媒体跨地域合作与发展。

哈尔滨医科大学附属第一医院海南分院海南省农垦三亚医院正式揭牌。哈尔滨市医疗保险管理中心与海南省正式签订定点服务协议,哈尔滨市民可以在三亚持医保卡异地就医。黑龙江省和海南省有关方面就省级医保卡异地就医商讨细节……

事实上,近年来,三亚的"候鸟"老人来源省份越来越广,除了黑龙江,还有吉林、辽宁、北京、天津、内蒙古、山西、新疆等省份,上海、河南等地的许多老人也加入了"候鸟"行列。

与此同时,北方"候鸟"老人越冬目的地除了三亚之外,海南的海口、广西的北海、福建的厦门、广东的深圳与珠海以及云南的昆明等地也迎来了越来越多的"候鸟",每年的"候鸟"数量以数十万计。

"候鸟"老人,正在织就一张覆盖我国南方广大地区的"候鸟"生活网络。

(二)农村篇

【幸福晚年1】

巴马县以其长寿老人多闻名于世。

实际上,广西其他地方农村的健康老人也不少。一辈子劳动惯了,只要能动,农村老人都坚持干些力所能及的活。如帮看门,起到保安的作用;带小孩,起到保姆的作用;有的80岁还到田间劳动;有的义务捡垃圾,起到卫生员的作用;逢年过节,子孙几代同堂围着老人拉家常,其乐融融,这时老人起到大家庭的主心骨作用。

随着社会进步和农村经济的发展,农村老人不仅得到了子孙的回报,同时也得到了社会的尊重,所以他们在晚年能够过上幸福的生活。

【幸福晚年2】

四川省成都市金堂县隆盛镇黄桷桠村有一片开阔的院落。院外环境优美、空气清新,院内绿树成荫、宁静祥和。在这个占地28亩的院子里,有楼房5栋、标准间320间、床位640张,集中供养了隆盛、竹篙、平桥、土桥、转龙、金龙等邻近乡镇的"五保"老人600余名,在这里"五保"老人们过着衣食无忧、幸福康乐的晚年生活。作为成都市探索构建农村养老公共服务体系的一个样板,金堂县黄桷桠敬老院在建设、管理、服务等方面总结出了独到的经验,即:

科学选点,规范建设。

完善制度,精细管理。

以人为本,细致服务。

全面保障,良性发展。

【幸福晚年3】

　　老年配餐室、文体活动室、老年课堂比邻而建,日间照料、医疗卫生、综合办公等十几种公共服务一应俱全。这不是建在高档社区的配套设施,而是天津市西青区为满足养老需求建立的社区老年日间照料服务中心。

　　在杨柳青镇英伦社区老年日间照料服务中心,500多平方米的中心设有配餐室、理疗室、休息室、老年文体活动室、电子阅览室、居民学校等不同的功能区,老年人在这里享受到的是综合性、一条龙的便捷服务。爱热闹的刘大爷在这里找到了自己的快乐生活,每天他都和老伙计们一起来到这里,读书看报,休闲娱乐,生活得十分逍遥自在。对于生活较为单一的农村老年人来说,这里是他们的精神乐园。

【幸福晚年4】

——陇西农村老年人幸福生活的写照

二、谱写幸福养老新篇章

(一)老有所养篇

养老问题,是一个关系社会稳定、经济发展和国家复兴的大事,每个人都应尽早做好养老规划。经济独立才是老年人晚年幸福的首要条件,无论对于城市老年人还是农村老年人都是一样的。为了确保退休后能拥有稳定、充足的收入,享受高质量、高水平的退休生活,树立长期的养老理念显得尤为重要。从国家层面来说,应持续不断扩大社会养老保障制度的覆盖面,提高社会养老金的发放水平,积极推广商业养老保险的宣传;而从个人层面来说,要树立养老理财(投资)观念,选择商业养老保险产品作为国家养老保障的补充。

1. 农村老年人如何实现"老有所养"

【政策引导】

新型农村社会养老保险制度的建立,是我国"十一五"时期,农村社会事业发展的一项重要成就。2011 年 3 月 5 日,温总理在政府工作报告中提出,"十二五"时期将加快完善社会保障制度,进一步提高保障水平,实现城乡基本养老制度全覆盖。这意味着,2009年新农保实施时提出的到 2020 年实现全覆盖的目标,将提前五年实现。

"十二五"时期,实现新型农村社会养老保险制度全覆盖是完全有能力的。以新农合作参考,自 2003 年实施以来,已经实现了全国 95％的覆盖率,新农保与之相比,统筹对象更少(只是农村 60 岁以上的老年人),而且发放手续更为简便(不存在报销等环节),因此这一目标完全可能实现。

　　据了解,新农保的覆盖率在 2010 年已经达到 24％。在我国海南、江苏、西藏等省市,已经提前实现了全覆盖,有些省市还在 55 元基础养老金的基础上,提高了发放金额。这都给"十二五"时期实现新农保全覆盖奠定了基础。

　　另一方面,据有关材料显示,新农保全覆盖会给我国西部地区带来不少的财政压力。据四川南部县测算,如果实现 30 万人参保,县财政要承担的地方补贴是 2012.6 万元,这对于一些经济较为落后的农业县而言,确实是一笔不小的开支。另外,由于集体经济落后,一些地区集体补助成为空白。因此国家应加大对西部贫困地区的转移支付,提高补贴的标准。针对贫困地区集体补助难落实的情况,应由政府取代村集体,成为供养"五保"老人的责任人。使西部地区成为率先实现新农保全覆盖的区域。

　　《关于开展新型农村社会养老保险试点的指导意见》勾勒出未来推进新农保的"路线图":2012 年参保率达到 50％以上,2017 年参保率达到 80％以上,2020 年基本实现全覆盖。其"新"主要体现为明确了中央和地方政府对农民参保的补贴,其筹资方式和制度模式都有了全新的改变。现在,各地的试点办法都不一样,方案出台后,意味着有了统一的制度,意味着我国新型农村养老保险制度的初步建立。目前全国农村平均最低生活保障水平是 57 元/月,农民的基础养老金定在 60 元比较合适。60 元基础养老金可由中央和地方财政分摊,有条件的地方可以再安排资金以提高当地的基础养老金标准。如果财政给 60 岁以上的农村老年人每人每月 60 元的基础养老金,每人一年是 720 元,全国 1 亿农村老年人口是 720 亿元,相当于 2008 年中央财政支出的 2％。可见用 2％的中央财政支出就能建立低水平、广覆盖的农村社会养老保险制度。

【实践创新】

中国农村社会一直存在"养儿防老"、"土地养老"的传统模式，但随着经济社会的发展，传统的养老模式面临严峻的挑战。农民养老，不仅仅是单个家庭的事情，还需要政府出手，改变观念，想出切实可行的好办法。

很多地方政府在积极自发地探索建立社会养老的制度和模式，如：河北青县创新"合作养老"，破解农村养老难题；浙江宁波的"居家养老"服务，政府给农民请保姆；新疆呼图壁县实施农村养老保险证质押贷款，让农民的"死钱"变"活钱"。

(1)"合作养老"显成效

河北省青县人口老龄化趋势突出，近年来，县里非常重视民生问题。从 2008 年起按照"个人养老为主，政府补贴为辅；倡导合作互助，鼓励慈善捐助；保证个人利益，兼尽社会义务"的基本框架，青县开始探索推行农村合作养老制度，逐步建立起农村养老体系，让农民实现老有所养，促进了农村社会和谐稳定。

按照《青县农村合作养老办法(试行)》的规定，以 2008 年 5 月 1 日为参合基准日，凡具有该县常住农业户口，年龄在 25—64 周岁的为适龄参合人员，在基准日当日达到 65 周岁以上(含 65 周岁)的为直接受益人员。基准日年满 25—64 周岁的人员一次性或分期缴纳 3800—4800 元不等数额(60 岁后每隔一岁减 200 元)的参合基金后，到 65 周岁可每年领取不低于 1200 元的养老金，80 周岁后每年增发一个月的养老金。65 岁及以上参合农民在直系亲属全部参加合作养老的条件下，缴纳 100 元注册费后，每年可以领取基数为 600 元的养老金，每增加 1 岁养老金递增 100 元，70 周岁后按每年 1200 元的正常标准领取。此外，县里每年拿出上年度财政收入的 5% 左右用于养老金发放补贴。

　　按照青县的合作养老规定,一个人从 25 周岁开始按总额 4800 元的标准缴纳参合基金,到 65 周岁就可以按时分期领取养老金,这样加上利息,大概不到 5 年时间就能全部领回个人所缴纳的本息,之后还能继续领取养老金直至去世。

　　为将更多农民纳入"合作养老"范围,青县没有采取强迫命令的方式,而是通过制定"连带互促"和鼓励社会捐赠的政策来扩大农村"合作养老"覆盖面。

　　该县合作养老"连带"政策的具体内容为:一是"村庄连带",只有所在村庄符合条件的人员参合率达到 80%的,该村村民才能参合,而且以后年度应始终保持在 80%以上,参合率达不到 80%时自当月起取消该村直接受益人的受益资格。二是"家庭连带",在参合基准日达到 65 周岁以上的老年人要想直接享受合作养老待遇,其户口在本村的适龄子女、孙子女及配偶必须全部参合。

　　青县在科学测算基础上推行农村"合作养老",农民、政府、社会三方形成合力,破解农村养老难题,实现农民老有所养,这一模式在农村社会保障方面是制度性的创新,符合中国国情,具有推广价值和可复制性。

　　(2)政府给农民请"保姆"

　　在浙江省宁波市的农村地区,很多老年人就享受到了这项"福利"。由政府出资聘请的 400 多名专职服务员,免费为农村老年人上门服务,形成了农村"居家养老"的新格局。而这还仅仅是宁波"居家养老"服务工作"走进去"的内容之一。从"爱心敲门"到建立养老服务中心,帮助老年人"走出来",宁波在探索农村"居家养老"的实践中,走在了全国前列。

【"爱心敲门"——居家养老】

方吉品大伯住在余姚市鹿亭乡晓云大溪村,每天早上起床后做的第一件事,就是去村里几户孤寡老年人和高龄老年人的家进行"爱心敲门"。他先去了褚珠花老年人的家,敲了一下门后,听到屋里传来老年人爽朗的应答声,门外的方大伯笑了。紧接着,他又去了褚小香奶奶的家。方大伯在窗外叫了几声,听到褚奶奶应答后又隔窗跟她聊了几句,知道褚奶奶一切正常后,他继续向另一户高龄老年人家走去……

这是宁波山区农村为高龄独居老年人开展"爱心敲门"服务的一个工作剪影。而像方吉品这样的"爱心敲门员",在鹿亭这个偏远山区乡村有 100 多位,在宁波全市农村约有 5000 多位。其实,"爱心敲门员"只是他们众多服务内容中的一个角色称谓,更多时候他们被人统称为助老志愿者或义工。他们除了义务负责被照顾老年人的安全守望工作外,还志愿给老年人打扫卫生、洗衣做饭、陪同看病、聊天解闷等。

2004 年初,宁波市启动了居家养老服务工作,起初只是在城市部分社区试点,后来逐步向全市其他社区推广。2006 年,在城市社区居家养老服务工作取得一定成效的基础上,开始在镇海区和北仑区的农村试点,2007 年底在全市农村正式推广。2007 年、2008 年、2009 年居家养老服务工作连续三年被列入市政府实事工程项目,并提出"到 2009 年底,全市 10％的行政村开展居家养老服务工作,2010 年底达到 30％以上"。现如今,居家养老服务已在全市城区 90％的社区和农村 7.2％的行政村开展,初步形成了城乡并进的居家养老服务工作格局。

目前,宁波农村的居家养老服务中心已建成了 184 个,大多设有阅览室、聊天室、棋牌室、日托间,配有电视机、棋牌桌、按摩椅和戏曲道具等服务设施,有十多家还开设了老年食堂。中心或新建或改建或整合,一般设立在老年人口相对比较集中的地方,作为居家养老服务的实施主体和服务平台。所有居家养老服务中心实行非营利性运作,向老年人提供的服务项目基本采取无偿或低价形式,中心的运作和管理费用由财政给予补助。据统计,截至 2008 年底,全市农村居家养老服务中心覆盖服务 6 万多名农村居家老年人,并使 4000 多名重点困难老年人得到了不同程度的养老服务保障。此外,宁波在开展农村居家养老服务工作中,十分注重挖掘、整合农村养老机构、医疗机构、村文化宫、村民学校、老年人活动室等各种公共服务设施用于居家养老服务;同时充分发挥好老年人协会、老年人互助会、老年人体育协会、老年人文艺社团、党员服务队等群众性基层民间组织的积极作用。据统计,目前由老年人协会等组织负责农村居家养老服务的行政村超过 1/3。

居家养老服务中心除了积极引导那些身体尚好、能自主行动的老年人"走出来"接受各类服务活动外,还通过服务员或志愿者(义工)"走进去"的服务模式,为那些行动不便的高龄、空巢(包括独居)、病残、贫困等重点困难的居家老年人上门服务。

"走进去"服务的主力军是志愿者(义工)。他们主要由农村党团员、村干部、老年人邻里、热心人士等组成,并以低龄健康老年人为主体,主要通过结对帮扶、定时定点、邻里守望等形式,为一些重点困难的居家老年人提供安全看护、生活照料、精神慰藉等多种形式的无偿服务。"走进去"服务的另一支重要力量就是专职服务员。为了解决生活自理能力差、经济困难、无子女居家老年人的生活照料问题,采用政府购买服务或服务补助的形式,由政府出资聘请专职服务员上门,向这些老年人提供基本生活照料服务。专职服务员由政府向社会招聘,培训上岗,并根据各地每服务一位老年人的薪酬标准按劳取酬。而符合规定的重点困难居家老年人则可依据自身实际情况免费享受时长不--的政府埋单服务。服务内容以生活照料为主,主要包括打扫卫生、料理家务、洗衣、做饭、陪医配药、助浴、购物等。

(3)让养老保险证"死钱"变"活钱"

探索建立农民养老个人账户基金储备积累制度，是中国政府的一项创举。但要想吸引本来就不富裕的农民花钱买养老保险，并不容易。如何调动农民参加养老保险的积极性，如何让"农保基金"保值增值，是很多地方农保工作面临的困境。新疆维吾尔自治区呼图壁县以农村社会养老保险证质押贷款为突破口，为新型农村养老保险制度的基金运营探索了一条行之有效的新路。

呼图壁县养老保险证质押贷款探索于1998年，其直接动因是该县农村社会养老保险基金面临巨大的保值增值压力。1995年，呼图壁县开始建立农村社会养老保险制度，7500多户农户加入了这项制度，此后两年间，共筹集资金1200多万元，作为全国农保工作先进单位，呼图壁县当时的参保人数和投保资金已颇具规模。但是，银行存款利率自1996年后一再下调。一年期定期存款利率由10.98%下调为5.67%，2007年仅为2.52%。银行存款、购买国债作为该县农保基金仅有的保值增值渠道，其实际功效大为削弱，政府职能部门向参保农牧民承诺的5%年复利率兑现困难。

农村养老保险证质押贷款，是指农村养老保险的参保对象，在生产、生活方面急需资金时，用自己或借用他人的《农村养老保险缴费证》作为质(抵)押物，依据一定的程序，到指定的银行办理委托贷款。贷款利率与银行同期贷款利率相同，贷款的额度目前为养老保险证面值的90%，贷款期限一般为一年。

保险证质押贷款款项系农保机构存入银行的农村养老保险基金，质押贷款所收的利息专属养老责任金，并完全进入农户个人养老账户长期滚动储备。县农村养老保险办公室每年年末按委托贷款利息收入的1.5%向受托银行一次性付清手续费，受托银行不承担风险。农保办在质押贷款农户无法归还借款的情况下，可以根据农户要求退保或者用被质押养老证的余款核销顶账。

这种贷款方式对农民来说，是把本来几十年以后才可以使用的

"死钱"变成了随时可以贷出,用于发展生产、子女教育、基本医疗等方面的"活钱"。如今在呼图壁县一些农民手中,保险证成为"准信用卡",急需用钱时就抵押给银行贷出资金。最常见的"标准模式"是春耕时贷款,秋收时还贷。至于利息,因为与银行利息相等,农民能接受。更重要的是,因为意识到这些利息实际上是"还给自己的",农民想得开。这样,养老保险制度本身有了吸引力,原本是政府想方设法要农民参加社保,现在变成了农民自己积极要求参加社保。

对于社会保险机构来说,毫无疑问,这种方式解决了农保资金保值增值的问题。1998年以来,呼图壁县的农保基金已经翻了一番,从1000多万增加到2000多万,平均每年获利7%以上,虽然不大,却非常稳定。因为保险证上的金额始终大于实际贷款,所以基本上没有风险。经过几年的试验,还没有出现贷款人无法归还借款而要用被质押的保险金额核销顶账的情况。

对于银行来说,首先是为支援新农村建设做了一件好事,其次是从委托贷款中获得经济利益。虽然获利不大,但因具体事务实际上都是由农保办操作,所以银行的成本也很小。同时也不存在风险,1998—2004年,每年的还贷率都达到了99%。期间可能有因为各种原因推迟还贷的,但绝没有坏账。

因此,这是一件农民、农保办和受委托贷款的银行三方共赢的大好事,为新型农村养老保险制度的基金运营探索了一条新路。不仅大大激发了农民参保的积极性,也有助于使养老保险个人账户成为促进农民迈入小康生活的"资产账户"。

中国农村养老保险证质押贷款研究课题组的调查结果表明,在现行农保制度中引入保险证质押贷款机制,具有多重福利功效。"养老保险证质押贷款"把取之于农民的资金重新借贷给农民,让他们直接参与资金的管理与运营,不仅有助于农保资金在社区内部运行,避免了农保资金通过金融体系流出社区。更为重要的是,通过为农户建设一块金融资产的跳板,把繁荣和机会带到每个家庭和社区。

2. 城市老年人如何实现"老有所养"

1000万未必能养老,退休究竟需要多少钱?

解决"老有所养"问题,提高老年人的生活质量,是构建和谐社会的一个重要组成部分。面对当前社会老龄化所带来的压力,一方面要直面问题,创新制度;另一方面,也需要政府引导社会广泛参与,建立起一整套满足社会多层次养老需求的社会保障体系。浙江省城市老龄化程度高于全国水平,养老要承受巨大的财政负担和人力资源需求等压力。

俗话说得好,"家家有老年人,人人都会老",随着城市化和人员社会流动的加快、青年人价值观及生活方式的变化,"事业人士"、"孝顺子女"两种角色的冲突和博弈,也在一定程度上产生了对"家庭养老"模式的冲击。在人口老龄化形势日益突出的同时,家庭结构的小型化趋势也更为明显,空巢老年人家庭不断增多,传统的家庭照料方式正受到严重挑战。

事实上,只有经济独立才是城市老年人幸福生活的首要保证,才能生活无虞且有尊严。说到经济当然是开源节流。在开源部分,如果是每月领取社会养老金,就比较容易做到经济独立。我们要审慎地运用退休金,很多老年人把领取的退休金,大部分投在孩子的身上,也因此易造成未来彼此的痛苦。退休金一定要好好规划,要妥善运用这笔资金。在节流方面,要量入为出,并且要做好医疗费用的规划,因医疗这方面的支出是具不确定性的,最好是用不到,但是要用到的时候,当然就要有钱了,所以要预留医疗费用做不时之需。我们也可以选择适当的保险,这可以让退休的人独立自主。

现在,按照浙江的生活成本来估计一下养老的总费用。国内某媒体日前对此进行了调查——在城市居住从退休后到百年终老之时,如果想让生活过得比较富足的话,到底需要多少钱?

调查统计结果如下:大中城市一对老年人一年5.5万元。按照大中城市的生活水准,退休后,一对老夫妻每月的日常基本生活开销

(衣、食、住、行、水、电、煤气等)要 2000 元左右,一年是 2.4 万元左右;日常的文化娱乐(包括旅游、书报阅读、体育锻炼、听音乐、看戏剧等)两人每年估算要 1 万元;退休后两人一年日常的医疗保健品费用支出 1.6 万元左右;还有其他一些费用支出,比如给孩子的压岁钱等约需 2000 元。

现在城市女性的退休年龄为 55 周岁左右,男性一般在 60 周岁退休。按照最新的统计数据,城镇居民平均寿命均已经超过了 80 周岁。如果按照男性老年人一年花费 2.5 万元,退休岁月 20 年计算,那么一个人若要在退休后过得比较富足,至少需要 50 万元。同时考虑到 70% 的人都有可能罹患大病,加上通货膨胀因素(按照 3% 的较低年通胀率计算),就会突破 75 万元。

那么,也就是说,在退休前至少要有 10 万—20 万元的存款才够养老。

可行的选择如下。

(1)购买商业养老年保险。商业养老保险,是为保障老年生活需求,提供养老金的退休养老保险类产品,可以根据投保人的实际情况量身定做相关的养老保险计划,为投保人的晚年幸福生活提供最坚实的财务保障。

2006年国务院颁布了《国务院关于保险业改革发展的若干意见》,对今后一个时期的保险业提出了十条具体意见。其中明确指出要统筹发展城乡商业养老保险和健康保险,完善多层次社会保障体系,满足城乡人民群众的保险保障需求。

(2)长期的基金定投。从养老金的筹措方式来看,当年轻人踏入退休行列时,仅靠传统的储蓄和社保养老是远远不够的。还需要其他的筹措方式,此外,值得注意的是不要把所有的鸡蛋放在一个篮子里,更好的方式是做好财富的搭配和资产的组合。从长期来看,基金、蓝筹股、黄金等投资方式,可以较好地抵抗通货膨胀。不管在金融危机,还是通货膨胀的环境下,黄金都能表现出不错的收益,事实上也能有效抵抗通胀。市民可通过黄金定投的方式进行,以避免盲目追高,黄金在家庭资产中的配比可占约20%。

另外,从国内外资本市场的走势情况来看,基金定投是长期抵抗通胀较好的方式。假如你每月投资1000元,每年年化收益率约10%,20年后的资产大概有60万元,小资金投入获得大回报。

(二)老有所医篇

老有所医是老年人生活的一大需要。所谓老有所医,通俗来讲就是满足老年人看病和治病的需求。当人们步入老年期后,人的各种生理机能开始减退,抵抗疾病的能力也开始减弱,因此随之而来的就是疾病的增多。老年人要减少疾病的折磨,应当有病及时看、及时治,使其早日康复。这也是老年人生活中普遍关心的热点问题。要从根本上解决"老有所医"的问题,关键是国家建立和完善医疗保险制度,保障老年人的医疗需要。

而从现实来看,我国各地正积极想方设法通过各种途径实现"老有所医",比较合理的方式有以下六种:

(1)举办老年健康讲座,普及老年保健知识,开展老年保健活动,增强老年人的保健意识;

(2)有条件的地方,对老年人定期进行体检,建立老年人健康档案,使广大老年人能够及时发现疾病,及时得到治疗;

(3)有计划地改善老年人的医疗条件,充实和加强老年病门诊和老年病科室,有条件的地方可以建设老年人康复医院,解决老年人看病、治病的困难;

(4)改进对老年人的医疗服务,组织医疗巡回服务队,为老年人送医送药上门,还可以为老年病人设立家庭病床,为老年人就医提供方便;

(5)采取措施解决城镇离休退休老年人按规定及时报销医药费,避免因医药费不能按时报销,而影响老年人得病后及时治疗;

(6)在农村进一步完善合作医疗制度,实现老年人看病不出村,大病能够得到治疗,对那些无力治病的老年人,当地人民政府应给予适当的帮助。

1.新医改——老有所医的制度保障

【医改目标】

建立覆盖城乡居民的基本医疗卫生制度

基本医疗保障制度全面覆盖城乡居民

基本药物制度初步建立

城乡基层医疗卫生服务体系进一步健全

基本公共卫生服务得到普及

公立医院改革试点取得突破

明显提高基本医疗卫生服务可及性

有效减轻居民就医费用负担

切实缓解"看病难、看病贵"问题

【"五多五少"勾勒百姓就医蓝图】

政府"多预防"，百姓"少得病"
政府"多保障"，百姓"少担忧"
政府"多监管"，百姓"少花钱"
医疗"多网点"，患者"少跑腿"
医院"多便捷"，患者"少麻烦"

　　医药卫生事业关系亿万人民的健康，关系千家万户的幸福，是重大民生问题。深化医药卫生体制改革，加快医药卫生事业发展，适应人民群众日益增长的医药卫生需求，不断提高人民群众健康素质，是贯彻落实科学发展观、促进经济社会全面协调可持续发展的必然要求，是维护社会公平正义、提高人民生活质量的重要举措，是全面建设小康社会和构建社会主义和谐社会的一项重大任务。

　　从现在起到2020年，是我国全面建设小康社会的关键时期，医药卫生工作任务繁重。随着经济的发展和人民生活水平的提高，群众对改善医药卫生服务将会有更高的要求。工业化、城镇化、人口老龄化、疾病谱变化和生态环境变化等，都给医药卫生工作带来一系列新的严峻挑战。深化医药卫生体制改革，是加快医药卫生事业发展的战略选择，是实现人民共享改革发展成果的重要途径，是广大人民群众的迫切愿望。

　　深化医药卫生体制改革是一项涉及面广、难度大的社会系统工程。我国人口多，人均收入水平低，城乡、区域差距大，长期处于社会主义初级阶段的基本国情，决定了深化医药卫生体制改革是一项十分复杂艰巨的任务,是一个渐进的过程,需要在明确方向和框架的基础上,经过长期艰苦努力和坚持不懈的探索,才能逐步建立符合我国国情的医药卫生体制。因此,对深化医药卫生体制改革,既要坚定决心、抓紧推进,又要精心组织、稳步实施,确保改革顺利进行,达到预期目标。

深化医药卫生体制改革的总体目标:建立健全覆盖城乡居民的基本医疗卫生制度,为群众提供安全、有效、方便、价廉的医疗卫生服务。

到2011年,基本医疗保障制度全面覆盖城乡居民,基本药物制度初步建立,城乡基层医疗卫生服务体系进一步健全,基本公共卫生服务得到普及,公立医院改革试点取得突破,明显提高基本医疗卫生服务可及性,有效减轻居民就医费用负担,切实缓解"看病难、看病贵"问题。

到2020年,覆盖城乡居民的基本医疗卫生制度基本建立。普遍建立比较完善的公共卫生服务体系和医疗服务体系,比较健全的医疗保障体系,比较规范的药品供应保障体系,比较科学的医疗卫生机构管理体制和运行机制,形成多元办医格局,人人享有基本医疗卫生服务,基本适应人民群众多层次的医疗卫生需求,人民群众健康水平进一步提高。

2.护理教育——老有所医的实现途径

老年护理有特定含义,它是指对老年人疾病的治疗护理,某些内科慢性疾病或一些外科病患的医学和心理学康复护理,对生活半自理或完全不能自理的老年人的生活护理,以及对病危老年人的心理护理和临终关怀等。国际上通常把老年护理分为家庭护理、社区护理和养老机构护理。在我国,这三类护理都面临着专业护理人员缺乏、医疗设备陈旧落后等问题,真正意义上的老年护理尚未形成规模与体系,而观念落后更是制约老年护理业发展的一大因素。很多人将老年护理误解为保姆式的照料,认为让接受照料的老年人吃饱、穿暖、住好即可,没有考虑到老年人的心理需求、精神慰藉、医疗护理、康复娱乐等深层次的需要。这种状况如果得不到有效改善,我国众多老年人的晚年生活质量就无法得到切实保障。因此,大力发展老年护理业,使老年护理逐步走向专业化,是提高老年人生活质量的重要内容,也是全面建设小康社会的必然要求。

促进老年护理业的发展,一方面,政府应加大对老年护理业的支持力度,如对老年护理机构实行税收优惠、加强对社区护理组织的扶持、加大对老年护理基础设施的投入、建立护理人员的资格认证制度等;另一方面,社会各方面应加强对护理人员专业知识和技能的教育与培训,如在中等卫生学校护理专业增设健康教育、预防医学、社区护理、老年护理等课程,在大学本、专科护理教育课程中加入老年护理的内容等,以培养专门的、高素质的老年护理人才。

(1)护士在老年人护理中的作用。许多老年人需要的是照顾而不仅仅是治疗,对慢性病人来说更是如此。而护理的重点即在于照顾,护士具备相应的知识与技能,可帮助人们应对慢性疾病伴随的变化,最大限度地减少残障,尽可能地维持功能,促进与保持健康,降低危险因素等。

(2)高级护理实践的优势。高级执业护士具备熟练的专业知识技能和研究生学历,经过认证,能够以整体的方式处理老年人常见的复杂的照顾问题。自20世纪70年代以来的研究表明,在美国,高级护理实践对病人和医疗系统均有积极的效果,包括:住院时间缩短、急诊次数减少、感染率降低、功能能力得到改善、病人和家庭满意度高。随着高级执业护士(APN)学历水平的提高,可使护士的就业机会增加、护理地位提高、护士工作的社会认可度增强、护士得到的报酬相应增多。

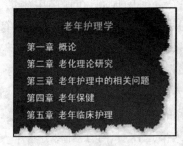 

(三)老有所教与老有所学

老有所教与老有所学,前者是教育,后者是受教育,是教与学的交往、互动,师生双方相互交流、相互沟通、相互启发、相互补充的相辅相成作用,在这个过程中教师与学生分享彼此的思考、经验和知识,交流彼此的情感、体验与观念,丰富教学内容,求得新的发现,从而达成共识,识现共享、共进,实现教学相长和共同发展。值得注意的是,老有所教不是让老年人发挥余热去教育人的意思,是让老年人受到适合年龄时代特点的教育,老年教育的内容是多方面的:法律法规、文化知识、艺术、养老保健,还有退休后老年人角色的转变等,能者为师,教与学是互动的。而老有所学是指老年人根据社会的需要和本人的爱好,学习掌握一些新知识和新技能,既能从中陶冶情操,又能学到老有所为的新本领。老有所学,并不是为了得到一个新学历或新学位,而是为实现老年人"以学促为"和"学为结合"的目的。

同时,老有所教与老有所学也是大力发展社区教育、家庭教育、老年教育,构建全民学习、终身学习的学习型社会的重要平台,是"活到老、学到老"具体表现。随着社会经济的发展和社会保障水平的提高,老有所养、老有所依、老有所托的矛盾已经不再是老年问题的主流,而更高层面的老有所教、老有所乐、老有所学、老有所为成为未来的主要矛盾。老有所教,是从精神层面实现老有所"养"的精神赡养。

老而好学,习而不倦,在学习中充实,在充实中提高,在提高中满足,体验精神之愉悦,从而提高老年人的生活质量。老有所教还是老有所学、老有所为、老有所乐之前提。只有老有所教、有志于学的老年人才能老有所学;老年人经过新的知识洗礼后,为其回归社会,发挥余热,实现老有所为提供条件;更重要的是,学习不仅是一个知识增进、精神提升的过程,更是老年人交际的机会。同龄沟通、同伴分享,对老年人来说是非常重要的。老年人离退休后,等于割裂了老年人与他人、社会之间的联系,他们中有的人变得虚弱、沮丧、不安。发展老年教育,无异于让老年人重新进入多维的社会关系网络,从而清除孤立感,唤醒集体感。

1. 老年大学的设立

改革开放早期,中国社会的文化生活比较单调,退休后的老龄人口更是缺少娱乐活动。随着中国老龄人口的增多,20 世纪 80 年代,老年大学在中国许多地方兴起。1973 年,世界上第一所老年大学创办于法国。1983 年 6 月 4 日,山东省率先创立了中国第一所老年大学——山东省红十字会老年大学。1984 年 3 月 1 日,广东省建立了中国第一所民办老年大学——广东领海老年大学。中国的第一套老年大学教材于 1987 年秋出版发行。老年大学的办学方式非常灵活,既能固定场所集中授课,也能远程授课。老年大学的授课内容非常丰富,主要包括健康、烹饪、艺术等方面。

老年大学是适应社会老龄化、建设终身学习的学习型社会以及和谐社会的需要而发展起来的时代产物。随着生活与医疗条件的改善,中国老龄化的步伐加快了,中国人口已进入老龄化阶段。面对老龄化社会,党和政府十分重视老年人的教育工作。胡锦涛同志曾经深刻地指出,尊重老年人就是尊重人生和社会发展的规律,就是尊重历史。党和政府多年来强调提高全民族的科学文化素质。党的十六大报告把"形成全民学习、终身学习的学习型社会,促进人的全面发展"作为全面建设小康社会的奋斗目标之一,老年人也要继续实现全面发展的目标。老年大学是实现这一目标的重要手段,是"终身学习"最恰当的体现。

老年大学面对老年群体,但是老年教育却是最年轻的教育。所以,办老年大学还缺乏经验和理论的总结。要不断探索,认真总结,提高对老年大学办学规律性的认识。老年大学要充分利用各种条件,达到帮助老年朋友"增长知识、丰富生活、陶冶情操、促进健康"的目的,使老年人们老有所学、老有所乐、老有所为。

社会的进步发展,决定老年教育必然会从真正意义上被纳入国民教育范畴,列入政府教育规划,并使之规范化、制度化、科学化,这也必然会对老年教育等各方面作出相应标准规定。而老年学员随着他们自身素质、层次的提高,同样会对办学单位提出具有老年人自身特点的要求。

2. 远程教育为"老有所学"插上翅膀

如由中国老龄事业发展基金会主办的东方银龄远程教育中心开设有包括书画摄影、医疗保健、文艺体育等在内的 7 大系列 20 余个专业。老年人可以实现"就近上学",听欧阳中石讲授书法,上"中国绘画高级研修班"，听权威专家讲授老年人常见病的防治……

为应对中国老龄人口急速增长，老年教育资源供不应求的局面，中国老龄事业发展基金会，创办了一个全新模式的老年大学——东方银龄远程教育中心。据了解，东方银龄远程教育中心将在全国各地设立"东方银龄学习中心"，并面向全国的老年大学、城市社区和各类老年活动室，开展远程语音视频直播，提供互动教学服务。通过东方银龄远程教育平台，将实现城市与乡村互通、社区与公寓对接、现有老年大学与各类活动中心一体相融的格局。

该中心借助先进的信息技术和现代化的教学设施，建立了东方银龄远程教育平台，并依托北京地区各类高端教育资源量大质优的优势，特邀了一大批专业造诣精深，在学界久负盛名，具有丰富授课经验，深谙老年人学习特点的客座教授，最大限度地为每个有学习愿望的老年人提供科学知识和实用信息。

(四)老有所为篇

一个人活在世上总要有所"为"，只管吃喝拉撒的生活是毫无意义的生活。一个老年人退休以后也不能无所事事，应该做些力所能及的事，于是就有了"老有所为"一说。

"老年学之父"梯比兹曾提出老有所为的 8 种表现形式，包括就业，社区志愿工作，在家庭中照顾子女及父母，非营利性地做年轻时没有机会做的事情,继续学习,进行各种锻炼、旅游,从事宗教活动等。这对中国的老年工作很有借鉴意义。

老有所为应该体现在日常生活的点滴小事之中,而不一定都让老年人再就业办大事。从爱护大路两旁的草坪,到从事于民族精神的建设,都可以根据老年人自己的能力去做。包括老年人在家庭中对子孙的照顾,参加老年时装队,去全国各地甚至出国旅游,在老年大学刻苦攻读,在家开一个小店,建一个属于自己的网站。就像著名经济学家于光远先生,在86岁华诞之际开通自己期盼已久的个人网站。老年人通过老有所为,自得其乐,无为而为,有利于身心健康,延年益寿。我们应该结合中国的实际来更加全面地重新界定中国的老有所为,使老年人的晚年生活更充实、更有意义。南宋的陆游高寿八十有五,晚年当然难以再干农活,但他有诗云:“老人不复事农桑,点数鸡豚亦未忘。”看好家中的鸡和猪,这不也是对家庭的贡献吗?

1. 大器晚成

【大器晚成的案例1】

知识改变命运,理财改变生活

“你不理财,财不理你。”《理财周刊》创刊时的广告语深深地刺激和启发了她——一位退休后拿着一两千元退休金的阿姨,从此根据杂志的理念,开始了自己的理财生涯。10年过去了,她实现了自己人生的3个愿景——把住房搬回市中心、开家小店、夫妻退休月入上万“不啃小”。她就是年过花甲的平民理财女王章木兰。

【大器晚成的案例2】

春晚最火节目——俏夕阳

浓郁的民俗特色，别具一格的文化风韵，2006年中央电视台春节联欢晚会上，由唐山市12名老太太和24名儿童演出的皮影舞蹈《俏夕阳》，征服了全国亿万观众的心，成为老百姓最喜爱的节目之一。虽然参加表演的老大妈们满脸皱纹、一头白发，身材已经发福，但他们腾空跳跃、甩臂、扭肩等高难度动作让人惊叹不已。《俏夕阳》中的很多老年人都没有学过任何舞蹈，但她们却从单纯的锻炼身体，到登上春晚的舞台，创造了一个奇迹。《北京娱乐信报》认为，《俏夕阳》的形式新颖有创意，皮影有着很强的民族特色和幽默感，而小孩和老年人同台，天伦之乐尽显。特别是那些七十多岁的老年人舞步还是那样矫健、那样富有激情，能够感受到一种生命的激情。

《俏夕阳》火爆后，上海的许多社区表演队纷纷模仿，当地金桐居委会的"阳光妈妈表演队"还跳出了海派的《俏夕阳》。同样地，吉林晨练兴起了"俏夕阳"热。大年初二，吉林市公园晨练时就出现了一批跳"俏夕阳"的。十几个老年人效仿《俏夕阳》中直身跳起，双脚掌拍击动作，旁边不少人在围观，不时发出阵阵惊叹。

【大器晚成的案例3】

老而弥坚——肯德基之父

在世界的各个角落,在中国的每个城市,我们常常看到一个老年人的笑脸,花白的胡须,白色的西装,黑色的眼睛。这个笑容,恐怕是世界上最著名、最昂贵的笑容了,因为这个和蔼可亲的老年人就是著名快餐连锁店"肯德基"的招牌和标志——哈兰·山德士上校。山德士的一生是一个传奇,他干过各种各样的工作,但在40岁的时候才在餐饮业上找到了自己事业的起点,然后历经挫折,在66岁的时候又东山再起,重新创造了另一个辉煌,有了他的"特许经营",今天的肯德基成为全球最大的炸鸡连锁集团。

2.再就业

随着我国社会经济增长和生活水平的提高,科学进步与医疗条件的改善,老年人口身体素质增强,平均寿命延长。步入老年后,许多老年人不甘寂寞,要求继续工作、再就业,以发挥"余热"为社会建设服务。

(1)建立老年人才信息库和老年人才市场。应加强老年劳动力资源的管理,建立老年人才信息库和老年人才市场。将具有一技之长的高素质老年人才的基本信息建立成一个老年人才信息库,方便统筹管理,快捷地给用人单位介绍推荐。对于没有一技之长的老年劳动力可以通过人才市场解决再就业的问题,同时老年人才市场也可以成为老年人交流经验的一个平台。

(2)社区应充当老年人再就业的重要途径。用人单位如果需要劳动力,可将用人信息提供给社区,再由社区寻找合适人选,推荐给用人单位。社区自身也可以给老年人提供更多形式的就业机会。一个社区的卫生、治安都是需要居民来维护的,很多工作可由本社区的离退休老年人来完成。这样不仅拓宽了老年人再就业的形式,也完善了社区的建设,节约了社区的经费开销,同时也加强了老年人对本社区的归属感和认同感。

另外,老年人原单位可以与民间组织相结合,推动老年人再就业的发展。老年人离退休之后,原单位除对老年职工的生活和社会保障进行管理外,也应关心与帮助老年人再就业的问题。这些单位可以与民间组织结合起来,统筹规划、组织协调、实施操作。

越来越多的老年人选择"再就业",而不少企业从节约人力成本的角度考虑,热衷于聘用退休人员,很多退休人员也乐于发挥"余热"。

【提醒】老年人再就业,要签劳务合同

目前,我国在退休人员再就业的劳动关系方面尚存在法律空白。我国《劳动法》和《劳动合同法》未将退休再就业人员纳入保护范围,用人单位和返聘人员不能依据法律主张权利和承担义务。由于缺乏配套的老年人才市场引导机制,老年人再就业一般都是靠朋友或者熟人介绍,而通过这种"地下操作"的找工作方式,老年人十分容易吃"哑巴亏",遭遇年龄歧视、随意解雇等问题。

有不少老年人为了找份工作干,到处"瞎找",有的时候,这种盲目就业的情况,让不少老年人上当受骗,吃了不少亏,却不好维权。一旦发生用人单位随意辞退老年人、拖欠或不支付老年人工资、同工不同酬等现象,劳动部门很难为老年人维权。那么,有不少退休后的老年人身体状况良好,又有一技之长,他们如果希望发挥余热,该如何保护自己的劳动权利呢?专家提醒说:根据法律规定,老年人退休后应聘,应该与用人单位签订雇用合同,明确雇用期间的工作内容、报酬、医疗、其他待遇等权利和义务。这样,在发生纠纷后,退休人员就可以按照《合同法》(并非《劳动合同法》)来争取权益,有关部门也可以依照相关法律和凭据断案说理。

(五)老有所乐篇

所谓老有所乐是指开展适合老年人特点的文化、体育活动,丰富老年人的文体活动,使他们幸福地安度晚年。这项活动已开始引起全社会的重视。许多地方在城市规划和居民住房建设时,都考虑到老年人活动中心和老年人活动站(室)的建设,全国大部分城镇,都建立了老年人活动中心,有的地区在村里也办起了老年人活动室,为活跃老年人的生活提供了场所。

奶奶级选手扎堆长沙"快女"　坚信老有所乐

2011 年"快乐女声"长沙赛区报名最后一天,曾轶可为新一届"快乐女声"创作的《Baby Sister》在现场不停地循环播放着,原本以为今年的"快乐女声"属于 90 后妹妹级选手的天下,但现场却有不少奶奶级的"快乐女声"们,在一大群年轻女孩中间,显得格外可爱可亲,她们成了今年"快乐女声"一道独特的风景线。

4 月 20 日上午,在老伴肖爷爷的陪伴下,贺小兰奶奶赶来报名,两人全程都一直紧紧地牵着手,让现场所有的人都羡慕不已。说起参加快女的原因,贺奶奶说,是因为唱歌,"我经常会参加一些老红军的聚会,演唱一些自己改编的老歌。"贺奶奶一直坚信"老有所乐"的信念,什么时候都保持着快乐的心态,特别是唱歌的时候,快乐得不得了。

今年已经70岁的颜菊英奶奶,听说"快乐女声"的报名后,激动得好几晚都没有睡着觉,一直喜欢搞娱乐,唱歌的她,以前就想来参加"快乐女声","谁说我老啦?我也是快女,我唱得好得很!"在报名的最后一天,颜奶奶终于从衡阳赶来报名参赛,还把自己特意带来的大头贴,贴在个人资料表上,"这样我更年轻,可爱嘛!"

老有所乐　乐在施爱于人

"老有所为,为在服务大家;老有所乐,乐在助人为乐。我们能当'爱心姆妈',真是一辈子的幸福!"一群平均年龄超过60岁的老年志愿者,一句用"本地口音"讲出的肺腑之言,感动了"爱心妈妈"先进事迹报告会现场的千余名党员干部。

这支"爱心妈妈"志愿服务队伍,由几名隔三差五聚在一起的老妈妈们组建。领队陈慧娟今年67岁,她常常和三五名邻居一起扫扫花坛、捡捡烟蒂、铲铲小广告,慢慢的,"没事找事干"的队伍一天比一天壮大。汶川地震后,以陈慧娟为领队、28名老年人组成的高行镇"爱心妈妈"志愿服务队正式成立。如今,这支队伍已发展到50人。

"'爱心妈妈'服务世博会,和我老伴王树源的'失踪'有关",陈慧娟在报告会上说起这段有趣的故事。那是2010年5月初世博会刚开始的几天,王树源每天天不亮就起床出门,整个上午不见人影。陈慧娟观察多日,终于忍不住问:"哪里这么好玩,何不带我一起去。"老伴这才"交代",原来他每天到世博园区后滩出入口当"侦察兵",看自己可以为世博会做什么。

"爱心妈妈"们受到启发,立即到后滩出入口集体"考察"。她们发现,出入口附近客流量很大,许多来自五湖四海的观博者都需要帮助。尽管高行镇距离后滩有30多公里,乘公交车来回要3小时,但大家还是决定成立"世博双拥岗",当编外志愿者。

　　浦东新区高行社会福利院院长王莉馥很感激"爱心妈妈"为孤老们付出的爱心。为了让郁郁寡欢的老年人们高兴起来,"爱心妈妈"们几乎每周都上门探望,还在福利院设计了一面"欢笑墙",挂上每位老年人笑得最灿烂的照片。有位患脑梗的老伯怎么都不肯笑,"爱心妈妈"们特意为他换上新衣服,围在他身边唱歌说笑话,老年人久违的笑容被"咔嚓"一声定格下来。这张珍贵的照片如今挂在"欢笑墙"最显眼的位置。

结语

　　古语云:"老有所养,幼有所教,贫有所依,难有所助,鳏寡孤独废疾者皆有所养。"古语又云:"老年人安,关乎国运,惠及子孙。""家家有老年人,人人都会老"。如何实现"老有所养、老有所医、老有所教、老有所学、老有所乐,老有所为"是现在和将来我们必须认真思考和对待的问题。

　　我能想到最浪漫的事

　　就是和你一起慢慢变老

　　一路上收藏点点滴滴的欢笑

　　留到以后坐着摇椅慢慢聊

　　我能想到最浪漫的事

　　就是和你一起慢慢变老

　　直到我们老的哪儿也去不了

　　你还依然把我当成手心里的宝

　　幸福养老、健康养老是我们一直追求的目标,而这一目标的实现仅仅依靠政府的投入和决策是无法达成的,每一位老年人以及会成为老年人的年轻人都应该有积极的心态,及早为老年生活做好准备。

附　录

国务院关于建立统一的企业职工
基本养老保险制度的决定

国发〔1997〕26 号

各省、自治区、直辖市人民政府,国务院各部委、各直属机构:

近年来,各地区和有关部门按照《国务院关于深化企业职工养老保险制度改革的通知》(国发〔1995〕6 号)要求,制定了社会统筹与个人账户相结合的养老保险制度改革方案,建立了职工基本养老保险个人账户,促进了养老保险新机制的形成,保障了离退休人员的基本生活,企业职工养老保险制度改革取得了新的进展。但是,由于这项改革仍处在试点阶段,目前还存在基本养老保险制度不统一、企业负担重、统筹层次低、管理制度不健全等问题,必须按照党中央、国务院确定的目标和原则,进一步加快改革步伐,建立统一的企业职工基本养老保险制度,促进经济与社会健康发展。为此,国务院在总结近几年改革试点经验的基础上作出如下决定。

一、到本世纪末,要基本建立起适应社会主义市场经济体制要求,适用城镇各类企业职工和个体劳动者,资金来源多渠道、保障方式多层次、社会统筹与个人账户相结合、权利与义务相对应、管理服务社会化的养老保险体系。企业职工养老保险要贯彻社会互济与自我保障相结合、公平与效率相结合、行政管理与基金管理分开等原则,保障水平要与我国社会生产力发展水平及各方面的承受能力相适应。

二、各级人民政府要把社会保险事业纳入本地区国民经济与社会发展计划,贯彻基本养老保险只能保障退休人员基本生活的原则,把改革企业职工养老保险制度与建立多层次的社会保障体系紧密结合起来,确保离退休人员基本养老金和失业人员失业救济金的发放,积极推行城市居民最低生活保障制度。为使离退休人员的生活随着经济与社会发展不断得到改善,体现按劳分配原则和地区发展水平及企业经济效益的差异,各地区和有关部门要在国家政策指导下大力发展企业补充养老保险,同时发挥商业保险的补充作用。

三、企业缴纳基本养老保险费(以下简称企业缴费)的比例,一般不得超过企业工资总额的 20%(包括划入个人账户的部分),具体比例由省、自治区、直辖市人民政府确定。少数省、自治区、直辖市因离退休人数较多、养老保险负担过重,确需超过企业工资总额 20%的,应报劳动部、财政部审批。个人缴纳基本养老保险费(以下简称个人缴费)的比例,1997 年不得低于本人缴费工资的 4%,1998 年起每两年提高 1 个百分点,最终达到本人缴费工资的 8%。有条件的地区和工资增长较快的年份,个人缴费比例提高的速度应适当加快。

四、按本人缴费工资 11%的数额为职工建立基本养老保险个人帐户,个人缴费全部记入个人帐户,其余部分从企业缴费中划入。随着个人缴费比例的提高,企业划入的部分要逐步降至 3%。个人账户储存额,每年参考银行同期存款利率计算利息。个人账户储存额只用于职工养老,不得提前支取。职工调动时,个人账户全部随同转移。职工或退休人员死亡,个人账户中的个人缴费部分可以继承。

五、本决定实施后参加工作的职工,个人缴费年限累计满 15 年的,退休后按月发给基本养老金。基本养老金由基础养老金和个人账户养老金组成。退休时的基础养老金月标准为省、自治区、直辖市或地(市)上年度职工月平均工资的 20%,个人账户养老金月标准为本人账户储存额除以 120。个人缴费年限累计不满 15 年的,退休后不享受基础养老金待遇,其个人账户储存额一次支付给本人。

本决定实施前已经离退休的人员,仍按国家原来的规定发给养老金,同时执行养老金调整办法。各地区和有关部门要按照国家规定进一步完善基本养老金正常调整机制,认真抓好落实。

本决定实施前参加工作、实施后退休且个人缴费和视同缴费年限累计满 15 年的人员,按照新老办法平稳衔接、待遇水平基本平衡等原则,在发给基础养老金和个人账户养老金的基础上再确定过渡性养老金,过渡性养老金从养老保险基金中解决。具体办法,由劳动部会同有关部门制订并指导实施。

六、进一步扩大养老保险的覆盖范围,基本养老保险制度要逐步扩大到城镇所有企业及其职工。城镇个体劳动者也要逐步实行基本养老保险制度,其缴费比例和待遇水平由省、自治区、直辖市人民政府参照本决定精神确定。

七、抓紧制定企业职工养老保险基金管理条例,加强对养老保险基金的管理。基本养老保险基金实行收支两条线管理,要保证专款专用,全部用于职工养老保险,严禁挤占挪用和挥霍浪费。基金结余额,除预留相当于 2 个月的支付费用外,应全部购买国家债券和存入专户,严格禁止投入其他金融和经营性事业。要建立健全社会保险基金监督机构,财政、审计部门要依法加强监督,确保基金的安全。

八、为有利于提高基本养老保险基金的统筹层次和加强宏观调控,要逐步由县级统筹向省或省授权的地区统筹过渡。待全国基本实现省级统筹后,原经国务院批准由有关部门和单位组织统筹的企业,参加所在地区的社会统筹。

九、提高社会保险管理服务的社会化水平,尽快将目前由企业发放养老金改为社会化发放,积极创造条件将离退休人员的管理服务工作逐步由企业转向社会,减轻企业的社会事务负担。各级社会保险机构要进一步加强基础建设,改进和完善服务与管理工作,不断提高工作效率和服务质量,促进养老保险制度的改革。

十、实行企业化管理的事业单位,原则上按照企业养老保险制度执行。

建立统一的企业职工基本养老保险制度是深化社会保险制度改革的重要步骤,关系改革、发展和稳定的全局。各地区和有关部门要予以高度重视,切实加强领导,精心组织实施。劳动部要会同国家体改委等有关部门加强工作指导和监督检查,及时研究解决工作中遇到的问题,确保本决定的贯彻实施。

浙江省职工基本养老保险条例（2008 年修正）

（1999 年 7 月 25 日浙江省第九届人民代表大会常务委员会第十四次会议通过　根据 2002 年 10 月 31 日浙江省第九届人民代表大会常务委员会第三十九次会议《关于修改〈浙江省职工基本养老保险条例〉的决定》第一次修正　根据 2008 年 5 月 30 日浙江省第十一届人民代表大会常务委员会第四次会议《关于修改〈浙江省职工基本养老保险条例〉的决定》第二次修正）

2008 年 5 月 30 日浙江省人民代表大会常务委员会公告第 1 号公布，自 2008 年 10 月 1 日起施行。

第一章　总　则

第一条　为建立和完善社会保障制度，保障职工退休后的基本生活，维护社会稳定，根据《中华人民共和国劳动法》和有关法律、法规的规定，结合本省实际，制定本条例。

第二条　本省行政区域内的下列用人单位、职工应当依法参加职工基本养老保险：

（一）企业、民办非企业单位等和与其形成劳动关系的职工；

（二）国家机关、事业单位、社会团体和与其形成劳动关系的未纳入行政或者事业养老保险范围的职工。

有雇工的城镇个体工商户和与其形成劳动关系的雇员应当依法参加职工基本养老保险。

　　无雇工的城镇个体工商户、城镇灵活就业人员可以依照本条例规定参加职工基本养老保险。

　　本条第一款规定的参加职工基本养老保险的对象,法律、法规另有规定的,从其规定。

　　第三条　职工基本养老保险实行社会统筹和个人账户相结合,养老保险费用由国家、单位和个人合理负担。

　　职工基本养老保险保障水平应当与本省社会经济发展水平和各方面的承受能力相适应,职工基本养老保险待遇不因用人单位破产、兼并、改制等原因而受损害。

　　第四条　职工基本养老保险应当统一制度、统一标准、统一管理,实行设区的市本级、县(市)级统筹和省级调剂制度。原实行基本养老保险行业统筹的企业,按照国家规定参加基本养老保险。

　　国家对职工基本养老保险的统筹层次另有规定的,按照国家规定执行。

　　第五条　县级以上人民政府应当加强对职工基本养老保险工作的领导,把职工基本养老保险事业纳入本地区国民经济与社会发展规划,并负责本行政区域内的职工基本养老保险组织实施工作,多渠道筹集职工基本养老保险资金,确保职工基本养老金按时足额发放。

　　第六条　县级以上劳动保障行政部门主管本行政区域内职工基本养老保险工作。

　　县级以上劳动保障行政部门所属的社会保险经办机构负责办理职工基本养老保险具体事务。

　　地方税务机关负责职工基本养老保险费的征收工作。

　　县级以上财政部门负责职工基本养老保险基金的专户管理、财政投入预算安排和财会管理工作。

　　县级以上审计、监察、工商等部门应当按照各自职责,共同做好职工基本养老保险工作。

　　第七条　鼓励用人单位根据本单位实际情况为职工建立企业

年金。

提倡职工个人进行储蓄性养老保险。

第二章　基本养老保险基金的筹集和管理

第八条　基本养老保险基金由以下部分组成:

(一)用人单位和职工、城镇个体劳动者缴纳的基本养老保险费;

(二)财政投入;

(三)基本养老保险基金的利息等增值收益;

(四)基本养老保险费滞纳金;

(五)社会捐赠;

(六)依法应当纳入基本养老保险基金的其他资金。

县级以上人民政府每年应当安排一定比例的财政性资金投入基本养老保险基金,并列入财政预算。

第九条　职工个人每月按照本人上一年度月平均工资(以下称缴费工资)的百分之八缴纳基本养老保险费。

新参加工作、重新就业和新建用人单位的职工,从进入用人单位之月起,当年缴费工资按用人单位确定的月工资收入计算。

职工缴费工资低于上一年度全省在岗职工月平均工资百分之六十的,按照百分之六十确定;高于上一年度全省在岗职工月平均工资百分之三百的,按照百分之三百确定。全省上一年度在岗职工月平均工资,由省统计部门核定,省劳动保障行政部门公布。

职工个人缴纳的基本养老保险费,由用人单位每月从职工工资中代扣代缴。

职工个人按规定比例缴纳的基本养老保险费不计入个人所得税的应纳税所得额。

第十条　企业、民办非企业单位等每月按照全部职工工资总额的一定比例缴纳基本养老保险费。国家机关、事业单位和社会团体每月按照参保人员工资总额的一定比例缴纳基本养老保险费。

用人单位的缴费比例一般不得超过百分之二十。具体比例按照国家和省人民政府规定的权限确定。

用人单位缴纳的基本养老保险费按照规定列支。

第十一条　城镇个体工商户、城镇灵活就业人员(以下统称城镇个体劳动者)每月按照上一年度月平均实际收入的百分之二十缴纳基本养老保险费。其中有雇工的城镇个体工商户,雇主的养老保险费全部由其本人缴纳;雇工的养老保险费,由雇工缴纳百分之八,雇主缴纳百分之十二。

城镇个体劳动者上一年度月平均实际收入低于上一年度当地在岗职工月平均工资百分之八十的,按照百分之八十确定缴费基数;高于上一年度当地在岗职工月平均工资百分之三百的,按照百分之三百确定缴费基数。

省人民政府可以根据本省实际,对城镇个体劳动者的缴费标准进行调整。

城镇个体劳动者按规定比例缴纳的基本养老保险费依法不计入个人所得税的应纳税所得额。

第十二条　用人单位应当自依法成立之日起三十日内,向社会保险经办机构办理职工基本养老保险登记手续。城镇个体劳动者应当按规定向社会保险经办机构办理职工基本养老保险登记手续。用人单位、城镇个体劳动者在办理税务登记的同时,向地方税务机关办理职工基本养老保险缴费登记手续。

用人单位在办理职工基本养老保险注册登记后增员或者减员的,应当自增员或者减员之日起三十日内,向社会保险经办机构办理职工增减登记手续。社会保险经办机构应当将用人单位基本养老保险登记情况及时告知地方税务机关。

第十三条　用人单位应当在每月十日前按照规定自行计算应缴费额,向地方税务机关申报缴纳上月的基本养老保险费,并对申报事项的真实性负责。

职工个人应缴的基本养老保险费报经社会保险经办机构核定后,由用人单位代扣并向地方税务机关申报缴纳。

城镇个体劳动者凭社会保险经办机构核定的应缴费额向地方税务机关申报并缴费。

经地方税务机关和劳动保障行政部门确认后,用人单位、城镇个体劳动者可以直接向地方税务机关申报缴纳职工个人、城镇个体劳动者应缴纳的基本养老保险费。地方税务机关应当及时将职工个人和城镇个体劳动者的缴费基数、缴费金额等情况反馈社会保险经办机构。

第十四条　用人单位伪造、变造、故意毁灭有关账册、材料,或者不设账册,致使基本养老保险费无法确定的,地方税务机关按该单位上月缴费数额的百分之一百一十确定应缴数额。没有上月缴费数额的,地方税务机关根据该单位的经营状况、职工人数等有关情况,按规定确定应缴数额。

第十五条　基本养老保险费应当以货币形式全额征缴,不得减免,不得以实物或者其他形式抵缴。

第十六条　用人单位分立、合并的,由分立、合并后的单位继续缴纳基本养老保险费。

第十七条　用人单位改变名称、住所、所有制性质、法定代表人或者负责人、开户银行账号等基本养老保险登记事项的,应当自变更之日起三十日内向社会保险经办机构办理职工基本养老保险变更登记手续。

用人单位歇业、被撤销、宣告破产或者因其他原因终止的,应当依法清偿欠缴的基本养老保险费,并在终止之日起三十日内向社会保险经办机构办理基本养老保险注销登记手续。

用人单位在办理税务变更登记、注销登记的同时,向地方税务机关办理职工基本养老保险缴费变更登记、注销登记手续。

第十八条　国有企业或者城镇集体所有制企业职工的缴费年限,如有部分为视同缴费年限的,在国有企业或者城镇集体所有制企业破产清算时,应当依法从其破产财产中提取尚未缴纳的视同缴费年限部分的基本养老保险费。视同缴费年限基本养老保险费的具体标准由省人民政府规定。

前款所称缴费年限,是指职工个人和其所在用人单位、城镇个体劳动者分别按规定足额缴纳基本养老保险费的年限。国有企业或者城镇集体所有制企业参加职工基本养老保险社会统筹之前,职工参加工作的年限,经劳动保障行政部门审核,符合国家和本省有关规定的,为视同缴费年限。

第十九条　基本养老保险基金实行收支两条线和财政专户管理,任何单位和个人不得挪用、截留。

第二十条　基本养老保险基金按照国家规定的方式保值增值,其各项增值收益全部计入基本养老保险基金。

基本养老保险基金存入银行或者购买国债的,在确保职工基本养老金等发放的同时,应当选择合理的存款期限或者国债期限,提高基金的利息收益。

第二十一条　按国家规定建立省级基本养老保险调剂基金。各市、县应当按时足额缴纳省级调剂基金。省级调剂基金用于调剂基本养老保险基金支付困难的市、县。省级调剂基金建立和调剂使用的具体办法,由省人民政府规定。

第二十二条　基本养老保险基金免征税、费。

第三章　基本养老保险个人账户

第二十三条　社会保险经办机构按照公民身份号码,为参加基本养老保险的职工、城镇个体劳动者(以下简称参保人员)建立基本养老保险个人账户,发给参保人员手册,记载缴费情况。

第二十四条 参保人员的基本养老保险个人账户按本人缴费工资的百分之八建立,由个人缴费形成。

第二十五条 基本养老保险个人账户储存额,每年按记账利率计息一次,记账利率由省人民政府参考城乡居民银行存款同期利率和职工平均工资增长率确定并予公布。

参保人员符合按月领取基本养老金条件的,自领取基本养老金之月开始,其个人账户储存额按银行存款同期利率计息。

第二十六条 职工所在用人单位、城镇个体劳动者未按规定足额缴纳基本养老保险费期间,不计算个人缴费年限,欠缴部分不记个人账户,按规定补缴基本养老保险费及滞纳金后,应当补记个人账户,并计算个人缴费年限。

第二十七条 参保人员因失业等原因中断缴纳基本养老保险费期间,不记个人账户,不计算个人缴费年限,其个人账户储存额由社会保险经办机构予以保留,并继续计息。参保人员再就业后应继续缴纳基本养老保险费。重新缴费前后的个人账户储存额和缴费年限累积计算。

第二十八条 参保人员在同一统筹范围内流动的,只转移基本养老保险关系和个人账户档案,不转移个人账户储存额。

参保人员在本省跨统筹范围流动的,应当转移基本养老保险关系、个人账户档案和储存额,各地对省内养老保险关系转移不得设置限制条件。省人民政府应当制定保障养老保险关系转移续接的具体办法。

参保人员跨省流动的,其基本养老保险关系、个人账户档案和储存额的转移,按照国家有关规定执行。

第二十九条 参保人员死亡后,其个人账户中个人缴费部分的余额及其利息可以依法继承,由社会保险经办机构一次性支付给继承人。

第四章　基本养老保险待遇

第三十条　1997 年 12 月 31 日前已退休的职工,按国家和省规定发给基本养老金。用人单位离休人员的离休待遇仍按国家和省有关规定执行。

第三十一条　下列参保人员达到法定退休年龄后,从其办理退休手续的次月起,按月领取基本养老金,直至死亡:

(一)1997 年 12 月 31 日以前参加工作,1998 年 1 月 1 日以后至 2010 年 12 月 31 日以前退休且缴费年限(包括视同缴费年限)满十年的;

(二)1997 年 12 月 31 日以前参加工作,2011 年 1 月 1 日以后退休且缴费年限满十五年的;

(三)1998 年 1 月 1 日以后参加工作,缴费年限满十五年的。

第三十二条　本条例第三十一条第(一)、(二)项规定的参保人员退休后,其月基本养老金由基础养老金、个人账户养老金和过渡性养老金组成,按以下标准计发:

(一)基础养老金月标准以退休时上一年度全省在岗职工月平均工资和本人指数化月平均缴费工资的平均值为基数,缴费每满一年发给百分之一;

(二)个人账户养老金月标准为个人账户储存额除以计发月数。计发月数根据退休时城镇人口平均预期寿命、本人退休年龄、利息等因素确定,具体按照国务院规定执行;

(三)过渡性养老金月标准按照职工本人 1997 年 12 月 31 日以前的指数化月平均缴费工资,乘以 1997 年 12 月 31 日以前的缴费年限,再乘以一定比例计发。计发比例按照省人民政府规定执行。

第三十三条　本条例第三十一条第(三)项规定的参保人员退休后,其月基本养老金由基础养老金和个人账户养老金组成。基础养

115

老金和个人账户养老金的计发办法按照本条例第三十二条规定执行。

第三十四条　参保人员达到法定退休年龄时,缴费年限不符合按月领取基本养老金规定的,参保人员个人可以按照当地城镇个体劳动者的缴费标准延缴。延缴后符合本条例第三十一条规定条件的,按月领取基本养老金。

参保人员个人不延缴养老保险费的,其个人账户储存额一次性支付给本人,并按缴费年限(包括视同缴费年限)每满一年发给一个月的本人指数化月平均缴费工资,同时终止基本养老保险关系。

第三十五条　下列未达到法定退休年龄的参保人员,申请办理退职的,从其办理退职手续的次月起,按月领取基本养老金,直至死亡:

(一)1997年12月31日以前参加工作,1998年1月1日以后至2010年12月31日以前因病或者非因工完全丧失劳动能力且缴费年限满十年和2011年1月1日以后因病或者非因工完全丧失劳动能力且缴费年限满十五年的参保人员;

(二)1998年1月1日以后参加工作,因病或者非因工完全丧失劳动能力,缴费年限满十五年的参保人员。

退职人员基本养老金按照退休人员基本养老金的计发办法执行。

第三十六条　基本养老金应当根据本省社会经济发展水平和基本养老保险基金的承受能力,按照职工平均工资增长率的一定比例和物价增长幅度定期进行调整。具体调整办法,由省劳动保障行政部门会同省财政部门制定,报省人民政府批准后执行。

第三十七条　参保人员就业期间按时足额缴纳基本养老保险费,并符合本条例第三十一条规定条件,其退休当年计发的月基本养老金低于当地上一年度月平均基本养老金百分之六十的,由社会保险经办机构按照当地上一年度月平均基本养老金的百分之六十予以补足。

第三十八条　参保人员退休后死亡的丧葬费、一次性抚恤费由社会保险经办机构按国家和省有关规定支付。

第五章　基本养老保险工作的管理和监督

第三十九条　县级以上劳动保障行政部门履行下列职责：

（一）贯彻实施有关基本养老保险的法律、法规和政策；

（二）拟定基本养老保险事业发展规划；

（三）拟订基本养老保险基金预算、决算草案；

（四）指导社会保险经办机构开展基本养老保险业务；

（五）对基本养老保险基金的使用依法进行监督检查；

（六）对基本养老保险基金承受能力进行风险预测；

（七）法律、法规和省人民政府规定的其他职责。

第四十条　社会保险经办机构具体办理职工基本养老保险事务，履行下列职责：

（一）负责办理基本养老保险登记；

（二）核定参保人员应缴纳的基本养老保险费；

（三）负责基本养老保险个人账户和档案的建立、记录和管理工作；

（四）审核参保人员享受基本养老保险待遇的资格，审定并支付基本养老保险待遇；

（五）开展基本养老保险调查、宣传和咨询服务工作；

（六）开展对退休人员的社会化服务工作；

（七）法律、法规和省人民政府规定的其他职责。

第四十一条　县级以上财政部门履行下列职责：

（一）负责基本养老保险基金财政投入的预算安排；

（二）负责基本养老保险基金预算、决算草案审核；

(三)负责基本养老保险基金的专户管理和保值增值；

(四)负责制定基本养老保险基金财务会计制度实施细则；

(五)法律、法规和省人民政府规定的其他职责。

第四十二条 地方税务机关应当按规定职责及时、足额征收基本养老保险费，并为用人单位和城镇个体劳动者缴纳基本养老保险费提供便利条件。

地方税务机关在征收基本养老保险费时，必须提供缴款凭证。

第四十三条 劳动保障行政部门、财政部门、地方税务机关应当加强协作，建立信息共享和工作配合机制。

第四十四条 基本养老金实行由社会保险经办机构直接发放或者委托银行等部门代为发放。

第四十五条 社会保险经办机构和地方税务机关不得从基本养老保险基金中提取任何费用，其开展业务所需经费，由同级财政预算安排。

第四十六条 社会保险经办机构、地方税务机关有权核查用人单位的职工名册、工资发放表、财务会计账册等有关资料。用人单位应当如实提供资料，不得拒绝、隐瞒。

社会保险经办机构每年应当向用人单位和参保人员分别发送一次基本养老保险费缴纳记录和个人账户对账单。

用人单位、参保人员有权向社会保险经办机构查询其基本养老保险费缴纳记录或者个人账户缴费记录情况。

第四十七条 省、市、县应当建立基本养老保险基金监督委员会。基本养老保险基金监督委员会由县级以上人民政府组织劳动保障、财政、审计、地方税务、监察等部门代表，用人单位代表，工会代表，职工和退休人员代表组成，其办事机构设在劳动保障行政部门。

基本养老保险基金监督委员会有权听取劳动保障、财政、审计、地方税务、监察等部门对基本养老保险基金的筹集、使用、管理情况和预算、决算编制情况以及审计情况的汇报，对基本养老保险基金的筹集、使用、保值增值和管理进行监督。

基本养老保险基金监督委员会每年至少召开一次会议。

第四十八条　审计部门应当定期对基本养老保险基金的筹集、使用、保值增值和管理情况进行审计。

第六章　法律责任

第四十九条　劳动保障行政部门、财政部门、地方税务机关或者社会保险经办机构违反本条例规定,有下列行为之一的,由同级人民政府或者有关部门责令改正;情节严重的,对直接负责的主管人员和其他直接责任人员给予行政处分;构成犯罪的,依法追究刑事责任:

(一)未按规定筹集、使用和管理基本养老保险基金;

(二)挪用、截留、侵占基本养老保险基金;

(三)违法减免或者增加用人单位及其职工、城镇个体劳动者缴纳的基本养老保险费;

(四)拖欠支付或者擅自减发、增发基本养老金以及其他有关待遇;

(五)其他违反有关法律、法规规定的行为。

第五十条　用人单位违反本条例规定,未在规定期限内办理基本养老保险登记、变更登记或者注销登记手续,或者未按规定申报应缴纳的基本养老保险费数额、代扣代缴职工应缴纳的基本养老保险费的,由劳动保障行政部门或者地方税务机关责令限期改正;情节严重的,对直接负责的主管人员和其他直接责任人员可以处一千元以上五千元以下的罚款;情节特别严重的,对直接负责的主管人员和其他直接责任人员可以处五千元以上一万元以下的罚款。

城镇个体劳动者违反本条例规定,未按规定办理基本养老保险登记手续的,由劳动保障行政部门或者地方税务机关责令限期改正;逾期不改正的,予以警告,可以处二百元以上五百元以下的罚款。

第五十一条　违反本条例规定,用人单位伪造、变造、故意毁灭有关账册、材料,或者不设账册,致使基本养老保险费数额无法确定的,依照有关法律、行政法规的规定给予处罚,并依照本条例第十四条规定征缴。

第五十二条　违反本条例规定,不缴或者欠缴基本养老保险费的,由地方税务机关依法责令限期缴纳,并自欠缴之日起按日加收欠缴费额千分之二的滞纳金。逾期拒不缴纳的,对用人单位处以不缴或者欠缴费额百分之五十以上二倍以下的罚款;对用人单位直接负责的主管人员和其他直接责任人员处以五千元以上二万元以下罚款。

滞纳金并入基本养老保险基金。

第五十三条　以弄虚作假或者其他非法手段获得基本养老金和其他待遇的,由劳动保障行政部门追缴有关当事人的非法所得,可以处非法所得三倍以下的罚款;构成犯罪的,依法追究刑事责任。

第五十四条　阻挠、妨碍劳动保障行政部门、地方税务机关或者社会保险经办机构及其工作人员对养老保险工作进行监督检查,或者打击报复举报人员的,由有关部门依法处理;构成犯罪的,依法追究刑事责任。

第五十五条　职工因缴纳基本养老保险费与单位发生争议的,可以向当地劳动争议仲裁委员会申请仲裁,对仲裁裁决不服的,可以在收到仲裁裁决之日起十五日内向人民法院提起诉讼。

第五十六条　用人单位、城镇个体劳动者逾期拒不缴纳基本养老保险费的,地方税务机关可以依法采取保全措施或者强制征收措施。

第七章　附　则

第五十七条　省人民政府可以根据社会经济发展水平,对规模较小且盈利水平低的用人单位及其职工,规定其在一定时期内养老保险费的征缴比例、个人账户记账比例和基本养老金的计发标准。

第五十八条　国家对职工基本养老保险的征缴比例、个人账户记账比例和基本养老金计发标准等有新规定的,按照国家规定执行。

第五十九条　省人民政府根据本条例制定实施办法。

第六十条　本条例自 1999 年 10 月 1 日起施行。

中华人民共和国社会保险法

（2010 年 10 月 28 日第十一届全国人民代表大会常务委员会第十七次会议通过）

目　　录

第一章　总　　则

第一条　为了规范社会保险关系,维护公民参加社会保险和享受社会保险待遇的合法权益,使公民共享发展成果,促进社会和谐稳定,根据宪法,制定本法。

第二条　国家建立基本养老保险、基本医疗保险、工伤保险、失业保险、生育保险等社会保险制度,保障公民在年老、疾病、工伤、失业、生育等情况下依法从国家和社会获得物质帮助的权利。

第三条　社会保险制度坚持广覆盖、保基本、多层次、可持续的方针,社会保险水平应当与经济社会发展水平相适应。

第四条　中华人民共和国境内的用人单位和个人依法缴纳社会保险费,有权查询缴费记录、个人权益记录,要求社会保险经办机构提供社会保险咨询等相关服务。

个人依法享受社会保险待遇,有权监督本单位为其缴费情况。

第五条　县级以上人民政府将社会保险事业纳入国民经济和社会发展规划。

国家多渠道筹集社会保险资金。县级以上人民政府对社会保险事业给予必要的经费支持。

国家通过税收优惠政策支持社会保险事业。

第六条　国家对社会保险基金实行严格监管。

国务院和省、自治区、直辖市人民政府建立健全社会保险基金监督管理制度,保障社会保险基金安全、有效运行。

县级以上人民政府采取措施,鼓励和支持社会各方面参与社会保险基金的监督。

第七条　国务院社会保险行政部门负责全国的社会保险管理工作,国务院其他有关部门在各自的职责范围内负责有关的社会保险工作。

县级以上地方人民政府社会保险行政部门负责本行政区域的社会保险管理工作,县级以上地方人民政府其他有关部门在各自的职责范围内负责有关的社会保险工作。

第八条　社会保险经办机构提供社会保险服务,负责社会保险登记、个人权益记录、社会保险待遇支付等工作。

第九条　工会依法维护职工的合法权益,有权参与社会保险重大事项的研究,参加社会保险监督委员会,对与职工社会保险权益有关的事项进行监督。

第二章　基本养老保险

第十条　职工应当参加基本养老保险,由用人单位和职工共同缴纳基本养老保险费。

无雇工的个体工商户、未在用人单位参加基本养老保险的非全日制从业人员以及其他灵活就业人员可以参加基本养老保险,由个人缴纳基本养老保险费。

公务员和参照公务员法管理的工作人员养老保险的办法由国务院规定。

第十一条　基本养老保险实行社会统筹与个人账户相结合。

基本养老保险基金由用人单位和个人缴费以及政府补贴等组成。

第十二条　用人单位应当按照国家规定的本单位职工工资总额的比例缴纳基本养老保险费,记入基本养老保险统筹基金。

职工应当按照国家规定的本人工资的比例缴纳基本养老保险费,记入个人账户。

无雇工的个体工商户、未在用人单位参加基本养老保险的非全日制从业人员以及其他灵活就业人员参加基本养老保险的,应当按照国家规定缴纳基本养老保险费,分别记入基本养老保险统筹基金和个人账户。

第十三条　国有企业、事业单位职工参加基本养老保险前,视同缴费年限期间应当缴纳的基本养老保险费由政府承担。

基本养老保险基金出现支付不足时,政府给予补贴。

第十四条　个人账户不得提前支取,记账利率不得低于银行定期存款利率,免征利息税。个人死亡的,个人账户余额可以继承。

第十五条　基本养老金由统筹养老金和个人账户养老金组成。

基本养老金根据个人累计缴费年限、缴费工资、当地职工平均工资、个人账户金额、城镇人口平均预期寿命等因素确定。

第十六条　参加基本养老保险的个人,达到法定退休年龄时累计缴费满十五年的,按月领取基本养老金。

参加基本养老保险的个人,达到法定退休年龄时累计缴费不足十五年的,可以缴费至满十五年,按月领取基本养老金;也可以转入新型农村社会养老保险或者城镇居民社会养老保险,按照国务院规定享受相应的养老保险待遇。

第十七条　参加基本养老保险的个人,因病或者非因工死亡的,其遗属可以领取丧葬补助金和抚恤金;在未达到法定退休年龄时因病或者非因工致残完全丧失劳动能力的,可以领取病残津贴。所需资金从基本养老保险基金中支付。

第十八条　国家建立基本养老金正常调整机制。根据职工平均工资增长、物价上涨情况,适时提高基本养老保险待遇水平。

第十九条　个人跨统筹地区就业的,其基本养老保险关系随本人转移,缴费年限累计计算。个人达到法定退休年龄时,基本养老金分段计算、统一支付。具体办法由国务院规定。

第二十条　国家建立和完善新型农村社会养老保险制度。

新型农村社会养老保险实行个人缴费、集体补助和政府补贴相结合。

第二十一条　新型农村社会养老保险待遇由基础养老金和个人账户养老金组成。

参加新型农村社会养老保险的农村居民,符合国家规定条件的,按月领取新型农村社会养老保险待遇。

第二十二条　国家建立和完善城镇居民社会养老保险制度。

省、自治区、直辖市人民政府根据实际情况,可以将城镇居民社会养老保险和新型农村社会养老保险合并实施。

第三章　基本医疗保险

第二十三条　职工应当参加职工基本医疗保险,由用人单位和职工按照国家规定共同缴纳基本医疗保险费。

无雇工的个体工商户、未在用人单位参加职工基本医疗保险的非全日制从业人员以及其他灵活就业人员可以参加职工基本医疗保险,由个人按照国家规定缴纳基本医疗保险费。

第二十四条　国家建立和完善新型农村合作医疗制度。

新型农村合作医疗的管理办法,由国务院规定。

第二十五条　国家建立和完善城镇居民基本医疗保险制度。

城镇居民基本医疗保险实行个人缴费和政府补贴相结合。

享受最低生活保障的人、丧失劳动能力的残疾人、低收入家庭六十周岁以上的老年人和未成年人等所需个人缴费部分,由政府给予补贴。

第二十六条　职工基本医疗保险、新型农村合作医疗和城镇居民基本医疗保险的待遇标准按照国家规定执行。

第二十七条　参加职工基本医疗保险的个人,达到法定退休年龄时累计缴费达到国家规定年限的,退休后不再缴纳基本医疗保险费,按照国家规定享受基本医疗保险待遇;未达到国家规定年限的,可以缴费至国家规定年限。

第二十八条　符合基本医疗保险药品目录、诊疗项目、医疗服务设施标准以及急诊、抢救的医疗费用,按照国家规定从基本医疗保险基金中支付。

第二十九条　参保人员医疗费用中应当由基本医疗保险基金支付的部分,由社会保险经办机构与医疗机构、药品经营单位直接结算。

社会保险行政部门和卫生行政部门应当建立异地就医医疗费用结算制度,方便参保人员享受基本医疗保险待遇。

第三十条　下列医疗费用不纳入基本医疗保险基金支付范围:

(一)应当从工伤保险基金中支付的;

(二)应当由第三人负担的;

(三)应当由公共卫生负担的;

(四)在境外就医的。

医疗费用依法应当由第三人负担,第三人不支付或者无法确定第三人的,由基本医疗保险基金先行支付。基本医疗保险基金先行支付后,有权向第三人追偿。

第三十一条　社会保险经办机构根据管理服务的需要,可以与医疗机构、药品经营单位签订服务协议,规范医疗服务行为。

医疗机构应当为参保人员提供合理、必要的医疗服务。

第三十二条　个人跨统筹地区就业的,其基本医疗保险关系随本人转移,缴费年限累计计算。

第四章　工伤保险

第三十三条　职工应当参加工伤保险,由用人单位缴纳工伤保险费,职工不缴纳工伤保险费。

第三十四条　国家根据不同行业的工伤风险程度确定行业的差别费率,并根据使用工伤保险基金、工伤发生率等情况在每个行业内确定费率档次。行业差别费率和行业内费率档次由国务院社会保险行政部门制定,报国务院批准后公布施行。

社会保险经办机构根据用人单位使用工伤保险基金、工伤发生率和所属行业费率档次等情况,确定用人单位缴费费率。

第三十五条　用人单位应当按照本单位职工工资总额,根据社会保险经办机构确定的费率缴纳工伤保险费。

第三十六条　职工因工作原因受到事故伤害或者患职业病,且经工伤认定的,享受工伤保险待遇;其中,经劳动能力鉴定丧失劳动能力的,享受伤残待遇。

工伤认定和劳动能力鉴定应当简捷、方便。

第三十七条　职工因下列情形之一导致本人在工作中伤亡的,不认定为工伤:

(一)故意犯罪;

(二)醉酒或者吸毒;

(三)自残或者自杀;

(四)法律、行政法规规定的其他情形。

第三十八条　因工伤发生的下列费用,按照国家规定从工伤保险基金中支付:

(一)治疗工伤的医疗费用和康复费用;

(二)住院伙食补助费;

(三)到统筹地区以外就医的交通食宿费;

(四)安装配置伤残辅助器具所需费用;

(五)生活不能自理的,经劳动能力鉴定委员会确认的生活护理费;

(六)一次性伤残补助金和一至四级伤残职工按月领取的伤残津贴;

(七)终止或者解除劳动合同时,应当享受的一次性医疗补助金;

(八)因工死亡的,其遗属领取的丧葬补助金、供养亲属抚恤金和因工死亡补助金;

(九)劳动能力鉴定费。

第三十九条　因工伤发生的下列费用,按照国家规定由用人单位支付:

(一)治疗工伤期间的工资福利;

(二)五级、六级伤残职工按月领取的伤残津贴;

（三）终止或者解除劳动合同时,应当享受的一次性伤残就业补助金。

第四十条　工伤职工符合领取基本养老金条件的,停发伤残津贴,享受基本养老保险待遇。基本养老保险待遇低于伤残津贴的,从工伤保险基金中补足差额。

第四十一条　职工所在用人单位未依法缴纳工伤保险费,发生工伤事故的,由用人单位支付工伤保险待遇。用人单位不支付的,从工伤保险基金中先行支付。

从工伤保险基金中先行支付的工伤保险待遇应当由用人单位偿还。用人单位不偿还的,社会保险经办机构可以依照本法第六十三条的规定追偿。

第四十二条　由于第三人的原因造成工伤,第三人不支付工伤医疗费用或者无法确定第三人的,由工伤保险基金先行支付。工伤保险基金先行支付后,有权向第三人追偿。

第四十三条　工伤职工有下列情形之一的,停止享受工伤保险待遇：

（一）丧失享受待遇条件的；

（二）拒不接受劳动能力鉴定的；

（三）拒绝治疗的。

第五章　失业保险

第四十四条　职工应当参加失业保险,由用人单位和职工按照国家规定共同缴纳失业保险费。

第四十五条　失业人员符合下列条件的,从失业保险基金中领取失业保险金：

（一）失业前用人单位和本人已经缴纳失业保险费满一年的；

（二）非因本人意愿中断就业的；

(三)已经进行失业登记,并有求职要求的。

第四十六条　失业人员失业前用人单位和本人累计缴费满一年不足五年的,领取失业保险金的期限最长为十二个月;累计缴费满五年不足十年的,领取失业保险金的期限最长为十八个月;累计缴费十年以上的,领取失业保险金的期限最长为二十四个月。重新就业后,再次失业的,缴费时间重新计算,领取失业保险金的期限与前次失业应当领取而尚未领取的失业保险金的期限合并计算,最长不超过二十四个月。

第四十七条　失业保险金的标准,由省、自治区、直辖市人民政府确定,不得低于城市居民最低生活保障标准。

第四十八条　失业人员在领取失业保险金期间,参加职工基本医疗保险,享受基本医疗保险待遇。

失业人员应当缴纳的基本医疗保险费从失业保险基金中支付,个人不缴纳基本医疗保险费。

第四十九条　失业人员在领取失业保险金期间死亡的,参照当地对在职职工死亡的规定,向其遗属发给一次性丧葬补助金和抚恤金。所需资金从失业保险基金中支付。

个人死亡同时符合领取基本养老保险丧葬补助金、工伤保险丧葬补助金和失业保险丧葬补助金条件的,其遗属只能选择领取其中的一项。

第五十条　用人单位应当及时为失业人员出具终止或者解除劳动关系的证明,并将失业人员的名单自终止或者解除劳动关系之日起十五日内告知社会保险经办机构。

失业人员应当持本单位为其出具的终止或者解除劳动关系的证明,及时到指定的公共就业服务机构办理失业登记。

失业人员凭失业登记证明和个人身份证明,到社会保险经办机构办理领取失业保险金的手续。失业保险金领取期限自办理失业登记之日起计算。

第五十一条　失业人员在领取失业保险金期间有下列情形之一的,停止领取失业保险金,并同时停止享受其他失业保险待遇:

(一)重新就业的;

(二)应征服兵役的;

(三)移居境外的;

(四)享受基本养老保险待遇的;

(五)无正当理由,拒不接受当地人民政府指定部门或者机构介绍的适当工作或者提供的培训的。

第五十二条　职工跨统筹地区就业的,其失业保险关系随本人转移,缴费年限累计计算。

第六章　生育保险

第五十三条　职工应当参加生育保险,由用人单位按照国家规定缴纳生育保险费,职工不缴纳生育保险费。

第五十四条　用人单位已经缴纳生育保险费的,其职工享受生育保险待遇;职工未就业配偶按照国家规定享受生育医疗费用待遇。所需资金从生育保险基金中支付。

生育保险待遇包括生育医疗费用和生育津贴。

第五十五条　生育医疗费用包括下列各项:

(一)生育的医疗费用;

(二)计划生育的医疗费用;

(三)法律、法规规定的其他项目费用。

第五十六条　职工有下列情形之一的,可以按照国家规定享受生育津贴:

(一)女职工生育享受产假;

(二)享受计划生育手术休假;

(三)法律、法规规定的其他情形。

生育津贴按照职工所在用人单位上年度职工月平均工资计发。

第七章　社会保险费征缴

第五十七条　用人单位应当自成立之日起三十日内凭营业执照、登记证书或者单位印章,向当地社会保险经办机构申请办理社会保险登记。社会保险经办机构应当自收到申请之日起十五日内予以审核,发给社会保险登记证件。

用人单位的社会保险登记事项发生变更或者用人单位依法终止的,应当自变更或者终止之日起三十日内,到社会保险经办机构办理变更或者注销社会保险登记。

工商行政管理部门、民政部门和机构编制管理机关应当及时向社会保险经办机构通报用人单位的成立、终止情况,公安机关应当及时向社会保险经办机构通报个人的出生、死亡以及户口登记、迁移、注销等情况。

第五十八条　用人单位应当自用工之日起三十日内为其职工向社会保险经办机构申请办理社会保险登记。未办理社会保险登记的,由社会保险经办机构核定其应当缴纳的社会保险费。

自愿参加社会保险的无雇工的个体工商户、未在用人单位参加社会保险的非全日制从业人员以及其他灵活就业人员,应当向社会保险经办机构申请办理社会保险登记。

国家建立全国统一的个人社会保障号码。个人社会保障号码为公民身份号码。

第五十九条　县级以上人民政府加强社会保险费的征收工作。

社会保险费实行统一征收,实施步骤和具体办法由国务院规定。

第六十条　用人单位应当自行申报、按时足额缴纳社会保险费,非因不可抗力等法定事由不得缓缴、减免。职工应当缴纳的社会保险费由用人单位代扣代缴,用人单位应当按月将缴纳社会保险费的明细情况告知本人。

无雇工的个体工商户、未在用人单位参加社会保险的非全日制从业人员以及其他灵活就业人员,可以直接向社会保险费征收机构缴纳社会保险费。

第六十一条　社会保险费征收机构应当依法按时足额征收社会保险费,并将缴费情况定期告知用人单位和个人。

第六十二条　用人单位未按规定申报应当缴纳的社会保险费数额的,按照该单位上月缴费额的百分之一百一十确定应当缴纳数额;缴费单位补办申报手续后,由社会保险费征收机构按照规定结算。

第六十三条　用人单位未按时足额缴纳社会保险费的,由社会保险费征收机构责令其限期缴纳或者补足。

用人单位逾期仍未缴纳或者补足社会保险费的,社会保险费征收机构可以向银行和其他金融机构查询其存款账户;并可以申请县级以上有关行政部门作出划拨社会保险费的决定,书面通知其开户银行或者其他金融机构划拨社会保险费。用人单位账户余额少于应当缴纳的社会保险费的,社会保险费征收机构可以要求该用人单位提供担保,签订延期缴费协议。

用人单位未足额缴纳社会保险费且未提供担保的,社会保险费征收机构可以申请人民法院扣押、查封、拍卖其价值相当于应当缴纳社会保险费的财产,以拍卖所得抵缴社会保险费。

第八章　社会保险基金

第六十四条　社会保险基金包括基本养老保险基金、基本医疗保险基金、工伤保险基金、失业保险基金和生育保险基金。各项社会保险基金按照社会保险险种分别建账,分账核算,执行国家统一的会计制度。

社会保险基金专款专用,任何组织和个人不得侵占或者挪用。

基本养老保险基金逐步实行全国统筹,其他社会保险基金逐步实行省级统筹,具体时间、步骤由国务院规定。

第六十五条　社会保险基金通过预算实现收支平衡。

县级以上人民政府在社会保险基金出现支付不足时,给予补贴。

第六十六条　社会保险基金按照统筹层次设立预算。社会保险基金预算按照社会保险项目分别编制。

第六十七条　社会保险基金预算、决算草案的编制、审核和批准,依照法律和国务院规定执行。

第六十八条　社会保险基金存入财政专户,具体管理办法由国务院规定。

第六十九条　社会保险基金在保证安全的前提下,按照国务院规定投资运营实现保值增值。

社会保险基金不得违规投资运营,不得用于平衡其他政府预算,不得用于兴建、改建办公场所和支付人员经费、运行费用、管理费用,或者违反法律、行政法规规定挪作其他用途。

第七十条　社会保险经办机构应当定期向社会公布参加社会保险情况以及社会保险基金的收入、支出、结余和收益情况。

第七十一条　国家设立全国社会保障基金,由中央财政预算拨款以及国务院批准的其他方式筹集的资金构成,用于社会保障支出的补充、调剂。全国社会保障基金由全国社会保障基金管理运营机构负责管理运营,在保证安全的前提下实现保值增值。

全国社会保障基金应当定期向社会公布收支、管理和投资运营的情况。国务院财政部门、社会保险行政部门、审计机关对全国社会保障基金的收支、管理和投资运营情况实施监督。

第九章　社会保险经办

第七十二条　统筹地区设立社会保险经办机构。社会保险经办机构根据工作需要,经所在地的社会保险行政部门和机构编制管理机关批准,可以在本统筹地区设立分支机构和服务网点。

社会保险经办机构的人员经费和经办社会保险发生的基本运行费用、管理费用,由同级财政按照国家规定予以保障。

第七十三条　社会保险经办机构应当建立健全业务、财务、安全和风险管理制度。

社会保险经办机构应当按时足额支付社会保险待遇。

第七十四条　社会保险经办机构通过业务经办、统计、调查获取社会保险工作所需的数据,有关单位和个人应当及时、如实提供。

社会保险经办机构应当及时为用人单位建立档案,完整、准确地记录参加社会保险的人员、缴费等社会保险数据,妥善保管登记、申报的原始凭证和支付结算的会计凭证。

社会保险经办机构应当及时、完整、准确地记录参加社会保险的个人缴费和用人单位为其缴费,以及享受社会保险待遇等个人权益记录,定期将个人权益记录单免费寄送本人。

用人单位和个人可以免费向社会保险经办机构查询、核对其缴费和享受社会保险待遇记录,要求社会保险经办机构提供社会保险咨询等相关服务。

第七十五条　全国社会保险信息系统按照国家统一规划,由县级以上人民政府按照分级负责的原则共同建设。

第十章　社会保险监督

第七十六条　各级人民代表大会常务委员会听取和审议本级人

民政府对社会保险基金的收支、管理、投资运营以及监督检查情况的专项工作报告,组织对本法实施情况的执法检查等,依法行使监督职权。

第七十七条　县级以上人民政府社会保险行政部门应当加强对用人单位和个人遵守社会保险法律、法规情况的监督检查。

社会保险行政部门实施监督检查时,被检查的用人单位和个人应当如实提供与社会保险有关的资料,不得拒绝检查或者谎报、瞒报。

第七十八条　财政部门、审计机关按照各自职责,对社会保险基金的收支、管理和投资运营情况实施监督。

第七十九条　社会保险行政部门对社会保险基金的收支、管理和投资运营情况进行监督检查,发现存在问题的,应当提出整改建议,依法作出处理决定或者向有关行政部门提出处理建议。社会保险基金检查结果应当定期向社会公布。

社会保险行政部门对社会保险基金实施监督检查,有权采取下列措施:

(一)查阅、记录、复制与社会保险基金收支、管理和投资运营相关的资料,对可能被转移、隐匿或者灭失的资料予以封存;

(二)询问与调查事项有关的单位和个人,要求其对与调查事项有关的问题作出说明、提供有关证明材料;

(三)对隐匿、转移、侵占、挪用社会保险基金的行为予以制止并责令改正。

第八十条　统筹地区人民政府成立由用人单位代表、参保人员代表,以及工会代表、专家等组成的社会保险监督委员会,掌握、分析社会保险基金的收支、管理和投资运营情况,对社会保险工作提出咨询意见和建议,实施社会监督。

社会保险经办机构应当定期向社会保险监督委员会汇报社会保险基金的收支、管理和投资运营情况。社会保险监督委员会可以聘请会计师事务所对社会保险基金的收支、管理和投资运营情况进行年度审计和专项审计。审计结果应当向社会公开。

社会保险监督委员会发现社会保险基金收支、管理和投资运营中存在问题的,有权提出改正建议;对社会保险经办机构及其工作人员的违法行为,有权向有关部门提出依法处理建议。

第八十一条　社会保险行政部门和其他有关行政部门、社会保险经办机构、社会保险费征收机构及其工作人员,应当依法为用人单位和个人的信息保密,不得以任何形式泄露。

第八十二条　任何组织或者个人有权对违反社会保险法律、法规的行为进行举报、投诉。

社会保险行政部门、卫生行政部门、社会保险经办机构、社会保险费征收机构和财政部门、审计机关对属于本部门、本机构职责范围的举报、投诉,应当依法处理;对不属于本部门、本机构职责范围的,应当书面通知并移交有权处理的部门、机构处理。有权处理的部门、机构应当及时处理,不得推诿。

第八十三条　用人单位或者个人认为社会保险费征收机构的行为侵害自己合法权益的,可以依法申请行政复议或者提起行政诉讼。

用人单位或者个人对社会保险经办机构不依法办理社会保险登记、核定社会保险费、支付社会保险待遇、办理社会保险转移接续手续或者侵害其他社会保险权益的行为,可以依法申请行政复议或者提起行政诉讼。

个人与所在用人单位发生社会保险争议的,可以依法申请调解、仲裁,提起诉讼。用人单位侵害个人社会保险权益的,个人也可以要求社会保险行政部门或者社会保险费征收机构依法处理。

第十一章　法律责任

第八十四条　用人单位不办理社会保险登记的,由社会保险行政部门责令限期改正;逾期不改正的,对用人单位处应缴社会保险费数额一倍以上三倍以下的罚款,对其直接负责的主管人员和其他直接责任人员处五百元以上三千元以下的罚款。

第八十五条 用人单位拒不出具终止或者解除劳动关系证明的,依照《中华人民共和国劳动合同法》的规定处理。

第八十六条 用人单位未按时足额缴纳社会保险费的,由社会保险费征收机构责令限期缴纳或者补足,并自欠缴之日起,按日加收万分之五的滞纳金;逾期仍不缴纳的,由有关行政部门处欠缴数额一倍以上三倍以下的罚款。

第八十七条 社会保险经办机构以及医疗机构、药品经营单位等社会保险服务机构以欺诈、伪造证明材料或者其他手段骗取社会保险基金支出的,由社会保险行政部门责令退回骗取的社会保险金,处骗取金额二倍以上五倍以下的罚款;属于社会保险服务机构的,解除服务协议;直接负责的主管人员和其他直接责任人员有执业资格的,依法吊销其执业资格。

第八十八条 以欺诈、伪造证明材料或者其他手段骗取社会保险待遇的,由社会保险行政部门责令退回骗取的社会保险金,处骗取金额二倍以上五倍以下的罚款。

第八十九条 社会保险经办机构及其工作人员有下列行为之一的,由社会保险行政部门责令改正;给社会保险基金、用人单位或者个人造成损失的,依法承担赔偿责任;对直接负责的主管人员和其他直接责任人员依法给予处分:

(一)未履行社会保险法定职责的;

(二)未将社会保险基金存入财政专户的;

(三)克扣或者拒不按时支付社会保险待遇的;

(四)丢失或者篡改缴费记录、享受社会保险待遇记录等社会保险数据、个人权益记录的;

(五)有违反社会保险法律、法规的其他行为的。

第九十条　社会保险费征收机构擅自更改社会保险费缴费基数、费率,导致少收或者多收社会保险费的,由有关行政部门责令其追缴应当缴纳的社会保险费或者退还不应当缴纳的社会保险费;对直接负责的主管人员和其他直接责任人员依法给予处分。

第九十一条　违反本法规定,隐匿、转移、侵占、挪用社会保险基金或者违规投资运营的,由社会保险行政部门、财政部门、审计机关责令追回;有违法所得的,没收违法所得;对直接负责的主管人员和其他直接责任人员依法给予处分。

第九十二条　社会保险行政部门和其他有关行政部门、社会保险经办机构、社会保险费征收机构及其工作人员泄露用人单位和个人信息的,对直接负责的主管人员和其他直接责任人员依法给予处分;给用人单位或者个人造成损失的,应当承担赔偿责任。

第九十三条　国家工作人员在社会保险管理、监督工作中滥用职权、玩忽职守、徇私舞弊的,依法给予处分。

第九十四条　违反本法规定,构成犯罪的,依法追究刑事责任。

第十二章　附　则

第九十五条　进城务工的农村居民依照本法规定参加社会保险。

第九十六条　征收农村集体所有的土地,应当足额安排被征地农民的社会保险费,按照国务院规定将被征地农民纳入相应的社会保险制度。

第九十七条　外国人在中国境内就业的,参照本法规定参加社会保险。

第九十八条　本法自 2011 年 7 月 1 日起施行。

中华人民共和国老年人权益保障法

1996 年 8 月 29 日第八届全国人民代表大会常务委员会第二十一次会议通过

1996 年 8 月 29 日中华人民共和国主席令第七十三号公布

自 1996 年 10 月 1 日起施行

第一章　总　则

第一条　为保障老年人合法权益，发展老年事业，弘扬中华民族敬老、养老的美德，根据宪法，制定本法。

第二条　本法所称老年人是指六十周岁以上的公民。

第三条　国家和社会应当采取措施，健全对老年人的社会保障制度，逐步改善保障老年人生活、健康以及参与社会发展的条件，实现老有所养、老有所医、老有所为、老有所学、老有所乐。

第四条　国家保护老年人依法享有的权益。

老年人有从国家和社会获得物质帮助的权利，有享受社会发展成果的权利。

禁止歧视、侮辱、虐待或者遗弃老年人。

第五条　各级人民政府应当将老年事业纳入国民经济和社会发展计划，逐步增加对老年事业的投入，并鼓励社会各方面投入，使老年事业与经济、社会协调发展。

国务院和省、自治区、直辖市人民政府采取组织措施，协调有关部门做好老年人权益保障工作,具体机构由国务院和省、自治区、直辖市人民政府规定。

第六条　保障老年人合法权益是全社会的共同责任。

国家机关、社会团体、企业事业组织应当按照各自职责,做好老年人权益保障工作。

居民委员会、村民委员会和依法设立的老年人组织应当反映老年人的要求,维护老年人合法权益,为老年人服务。

第七条　全社会应当广泛开展敬老、养老宣传教育活动,树立尊重、关心、帮助老年人的社会风尚。

青少年组织、学校和幼儿园应当对青少年和儿童进行敬老、养老的道德教育和维护老年人合法权益的法制教育。

提倡义务为老年人服务。

第八条　各级人民政府对维护老年人合法权益和敬老、养老成绩显著的组织、家庭或者个人给予表扬或者奖励。

第九条　老年人应当遵纪守法,履行法律规定的义务。

第二章　家庭赡养与扶养

第十条　老年人养老主要依靠家庭,家庭成员应当关心和照料老年人。

第十一条　赡养人应当履行对老年人经济上供养、生活上照料和精神上慰藉的义务,照顾老年人的特殊需要。

赡养人是指老年人的子女以及其他依法负有赡养义务的人。

赡养人的配偶应当协助赡养人履行赡养义务。

第十二条　赡养人对患病的老年人应当提供医疗费用和护理。

第十三条　赡养人应当妥善安排老年人的住房,不得强迫老年人迁居条件低劣的房屋。

老年人自有的或者承租的住房,子女或者其他亲属不得侵占,不得擅自改变产权关系或者租赁关系。

老年人自有的住房,赡养人有维修的义务。

第十四条　赡养人有义务耕种老年人承包的田地,照管老年人的林木和牲畜等,收益归老年人所有。

第十五条　赡养人不得以放弃继承权或者其他理由,拒绝履行赡养义务。

赡养人不履行赡养义务,老年人有要求赡养人付给赡养费的权利。

赡养人不得要求老年人承担力不能及的劳动。

第十六条　老年人与配偶有相互扶养的义务。

由兄、姊扶养的弟、妹成年后,有负担能力的,对年老无赡养人的兄、姊有扶养的义务。

第十七条　赡养人之间可以就履行赡养义务签订协议,并征得老年人同意。居民委员会、村民委员会或者赡养人所在组织监督协议的履行。

第十八条　老年人的婚姻自由受法律保护。子女或者其他亲属不得干涉老年人离婚、再婚及婚后的生活。

赡养人的赡养义务不因老年人的婚姻关系变化而消除。

第十九条　老年人有权依法处分个人的财产,子女或者其他亲属不得干涉,不得强行索取老年人的财物。

老年人有依法继承父母、配偶、子女或者其他亲属遗产的权利,有接受赠予的权利。

第三章　社会保障

第二十条　国家建立养老保险制度,保障老年人的基本生活。

第二十一条　老年人依法享有的养老金和其他待遇应当得到保障。有关组织必须按时足额支付养老金,不得无故拖欠,不得挪用。

　　国家根据经济发展、人民生活水平提高和职工工资增长的情况增加养老金。

　　第二十二条　农村除根据情况建立养老保险制度外,有条件的还可以将未承包的集体所有的部分土地、山林、水面、滩涂等作为养老基地,收益供老年人养老。

　　第二十三条　城市的老年人,无劳动能力、无生活来源、无赡养人和扶养人的,或者其赡养人和扶养人确无赡养能力或者扶养能力的,由当地人民政府给予救济。

　　农村的老年人,无劳动能力、无生活来源、无赡养人和扶养人的,或者其赡养人和扶养人确无赡养能力或者扶养能力的,由农村集体经济组织负担保吃、保穿、保住、保医、保葬的五保供养,乡、民族乡、镇人民政府负责组织实施。

　　第二十四条　鼓励公民或者组织与老年人签订扶养协议或者其他扶助协议。

　　第二十五条　国家建立多种形式的医疗保险制度,保障老年人的基本医疗需要。

　　有关部门制定医疗保险办法,应当对老年人给予照顾。

　　老年人依法享有的医疗待遇必须得到保障。

　　第二十六条　老年人患病,本人和赡养人确实无力支付医疗费用的,当地人民政府根据情况可以给予适当帮助,并可以提倡社会救助。

　　第二十七条　医疗机构应当为老年人就医提供方便,对七十周岁以上的老年人就医,予以优先。有条件的地方,可以为老年病人设立家庭病床,开展巡回医疗等服务。

　　提倡为老年人义诊。

　　第二十八条　国家采取措施,加强老年医学的研究和人才的培养,提高老年病的预防、治疗、科研水平。

　　开展各种形式的健康教育,普及老年保健知识,增强老年人自我保健意识。

第二十九条　老年人所在组织分配、调整或者出售住房,应当根据实际情况和有关标准照顾老年人的需要。

第三十条　新建或者改造城镇公共设施、居民区和住宅,应当考虑老年人的特殊需要,建设适合老年人生活和活动的配套设施。

第三十一条　老年人有继续受教育的权利。

国家发展老年教育,鼓励社会办好各类老年学校。

各级人民政府对老年教育应当加强领导,统一规划。

第三十二条　国家和社会采取措施,开展适合老年人的群众性文化、体育、娱乐活动,丰富老年人的精神文化生活。

第三十三条　国家鼓励、扶持社会组织或者个人兴办老年福利院、敬老院、老年公寓、老年医疗康复中心和老年文化体育活动场所等设施。

地方各级人民政府应当根据当地经济发展水平,逐步增加对老年福利事业的投入,兴办老年福利设施。

第三十四条　各级人民政府应当引导企业开发、生产、经营老年生活用品,适应老年人的需要。

第三十五条　发展社区服务,逐步建立适应老年人需要的生活服务、文化体育活动、疾病护理与康复等服务设施和网点。

发扬邻里互助的传统,提倡邻里间关心、帮助有困难的老年人。

鼓励和支持社会志愿者为老年人服务。

第三十六条　地方各级人民政府根据当地条件,可以在参观、游览、乘坐公共交通工具等方面,对老年人给予优待和照顾。

第三十七条　农村老年人不承担义务工和劳动积累工。

第三十八条　广播、电影、电视、报刊等应当反映老年人的生活,开展维护老年人合法权益的宣传,为老年人服务。

第三十九条　老年人因其合法权益受侵害提起诉讼交纳诉讼费确有困难的,可以缓交、减交或者免交;需要获得律师帮助,但无力支付律师费用的,可以获得法律援助。

第四章　参与社会发展

第四十条　国家和社会应当重视、珍惜老年人的知识、技能和革命、建设经验,尊重他们的优良品德,发挥老年人的专长和作用。

第四十一条　国家应当为老年人参与社会主义物质文明和精神文明建设创造条件。根据社会需要和可能,鼓励老年人在自愿和量力的情况下,从事下列活动:

(一)对青少年和儿童进行社会主义、爱国主义、集体主义教育和艰苦奋斗等优良传统教育;

(二)传授文化和科技知识;

(三)提供咨询服务;

(四)依法参与科技开发和应用;

(五)依法从事经营和生产活动;

(六)兴办社会公益事业;

(七)参与维护社会治安、协助调解民间纠纷;

(八)参加其他社会活动。

第四十二条　老年人参加劳动的合法收入受法律保护。

第五章　法律责任

第四十三条　老年人合法权益受到侵害的,被侵害人或者其代理人有权要求有关部门处理,或者依法向人民法院提起诉讼。

人民法院和有关部门,对侵犯老年人合法权益的申诉、控告和检举,应当依法及时受理,不得推诿、拖延。

第四十四条　不履行保护老年人合法权益职责的部门或者组织,其上级主管部门应当给予批评教育,责令改正。

国家工作人员违法失职,致使老年人合法权益受到损害的,由其所在组织或者上级机关责令改正,或者给予行政处分;构成犯罪的,依法追究刑事责任。

第四十五条　老年人与家庭成员因赡养、扶养或者住房、财产发生纠纷,可以要求家庭成员所在组织或者居民委员会、村民委员会调解,也可以直接向人民法院提起诉讼。

调解前款纠纷时,对有过错的家庭成员,应当给予批评教育,责令改正。

人民法院对老年人追索赡养费或者扶养费的申请,可以依法裁定先予执行。

第四十六条　以暴力或者其他方法公然侮辱老年人、捏造事实诽谤老年人或者虐待老年人,情节较轻的,依照治安管理处罚条例的有关规定处罚;构成犯罪的,依法追究刑事责任。

第四十七条　暴力干涉老年人婚姻自由或者对老年人负有赡养义务、扶养义务而拒绝赡养、扶养,情节严重构成犯罪的,依法追究刑事责任。

第四十八条　家庭成员有盗窃、诈骗、抢夺、勒索、故意毁坏老年人财物,情节较轻的,依照治安管理处罚条例的有关规定处罚;构成犯罪的,依法追究刑事责任。

第六章　附　则

第四十九条　民族自治地方的人民代表大会,可以根据本法的原则,结合当地民族风俗习惯的具体情况,依照法定程序制定变通的或者补充的规定。

第五十条　本法自 1996 年 10 月 1 日起施行。

浙江省各地市福利机构一览

名　称	地　址
舟山定海区社会福利院	舟山市定海区城西河路 14 号
衢州市社会福利院	衢州市三衢路 88 号
台州黄岩区社会福利院	黄岩区城关花园巷 1 号
嘉兴市社会福利院	嘉兴南湖区大桥镇十八里西街 661 号
绍兴市社会福利中心	浙江省绍兴市人民中路 630 号
湖州市社会福利院	湖州市杭长桥南路 429 号
金华市第一福利院	金华市青春路 268 号
温州市社会福利院	温州市杨府山路 42 号
宁波市社会福利院	宁波市海曙区灵桥路 183 号
宁波市社会福利中心	宁波市育才路 289 号
杭州市第二社会福利院	杭州市机场路三里亭工农路 99 号
杭州市社会福利中心	杭州市和睦路 451 号
杭州市第一社会福利院	杭州市瓶窑镇凤山山麓